汉堡之书

胡伯图斯·奇尔纳（Hubertus Tzschirner）

尼古拉斯·勒克劳克斯（Nicolas Lecloux）

[德] 托马斯·维尔吉斯（Thomas Vilgis）　　编著

尼尔·约拉（Nils Jorra）

弗洛里安·克内希特（Florian Knecht）

[德] 丹尼尔·埃斯魏因（Daniel Esswein）　　摄影

刘晓鸽　张亚婕　译

机械工业出版社

CHINA MACHINE PRESS

Original edition by Callwey 2016

Copyright © Callwey GmbH

Klenzestraße 36

D-80469 München

Germany

www. callwey.de

北京市版权局著作权合同登记　图字：01-2021-1285号。

概念、食谱、食品造型和文字：胡伯图斯·奇尔纳，www.esskunst.eu

概念和摄影：丹尼尔·埃斯魏因，www.danielesswein.com

概念、标题概念和文字：尼古拉斯·勒克劳克斯，www.true-fruits.com

文本：尼尔·约拉

第6页的汉堡起源：弗洛里安·克内希特

项目管理：蒂娜·弗赖塔格、安妮·芬克

审校：卡洛琳·卡齐安卡，慕尼黑

设计：施密德/维德迈尔，慕尼黑

图书在版编目（CIP）数据

汉堡之书 /（德）胡伯图斯·奇尔纳
（Hubertus Tzschirner）等编著 ；刘晓鸽，张亚婕译.
北京：机械工业出版社，2024. 10（2025.6重印）. --（西餐主厨教室）.
ISBN 978-7-111-76376-5

Ⅰ. TS972. 158

中国国家版本馆CIP数据核字第2024CE2229号

机械工业出版社（北京市百万庄大街22号　邮政编码100037）

策划编辑：卢志林　范琳娜　　责任编辑：卢志林　范琳娜

责任校对：李　杉　丁梦卓　　责任印制：任维东

北京瑞禾彩色印刷有限公司印刷

2025年6月第1版第3次印刷

210mm×285mm·17.75印张·2插页·479千字

标准书号：ISBN 978-7-111-76376-5

定价：198.00元

电话服务　　　　　　　　　　网络服务

客服电话：010-88361066　　机　工　官　网：www.cmpbook.com

　　　　　010-88379833　　机　工　官　博：weibo.com/cmp1952

　　　　　010-68326294　　金　书　网：www.golden-book.com

封底无防伪标均为盗版　　　机工教育服务网：www.cmpedu.com

目 录

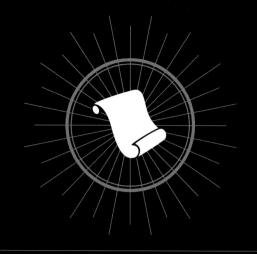

起　源

汉堡：切成两半的面包夹着一块肉饼，是美国人的国菜，诞生于100多年前——但究竟是由谁发明的呢？

路易斯和汉堡包

1900年，出生于德国的路易斯·拉森（Louis Lassen）发明了汉堡包，将100克肉加上番茄和洋葱，放在烤面包里。传说，有一位匆忙的客人想要吃点快餐，拉森随后切了一块牛排，把它放在两片吐司之间——汉堡包诞生了。不过，也有很多理论家和"发明家"自称是汉堡包的发明者。

门奇斯和汉堡包

据说，1885年，门奇斯（Menches）兄弟发明了在当时叫"汉堡包"（Hamburger）的食物，今天简称为"汉堡"（Burger）。兄弟俩在纽约州伊利县汉堡镇（这个镇是以德国城市命名的）附近的一个集市上出售烤猪肉，烤猪肉卖完后，他们拿牛肉代替，并把它放在面包里。因为靠近纽约州汉堡镇，所以这个食物也被命名

为汉堡包。

奢侈品的俚语名称

另有书面记载，1842年的一本食谱中提到了"汉堡牛排"。煎肉饼牛排也称为汉堡包式牛排。事实是，汉堡包与汉堡市有关的联系不断出现。可能是因为在当时进口牛肉主要通过汉堡港运输。肉类在当时是一种奢侈品，根据它的产地或转运点，它被赋予了俚语名称Hamburg——作为一种特殊品质的分类。

查理·纳格林（Charlie Nagreen），被称为"汉堡包查理"（Hamburger Charlie），也自称是汉堡包的发明者。1885年，纳格林在西莫尔年集上出售肉丸三明治，将肉丸夹在面包片之间，让顾客可以边走边吃，更加方便。还有一位声称拥有这项发明的人是奥斯卡·比尔比（Oscar Bilby）。据说，1891年7月4日，即美国独立日，他在自己的农场举行了一个聚会，聚会上他把肉夹在了面包里食用。自汉堡包发明后，人们想出了各种不同的制作方法，当然，面包和肉

饼也有各种变体。戴耶汉堡店（Lokal Dyer's Burgers）称他们在1912年第一次用铸铁锅制作出了煎汉堡。

迷你汉堡包

白色城堡（White Castle）公司——1921年成立于堪萨斯州的威奇托——可能是最早的汉堡连锁店，以其方形小汉堡而闻名，也被称为"（小）堡堡"（Slyder或Slider）。在当时具有革命性意义的是，白色城堡餐厅在肉饼上压了5个孔，这样不用翻面也能煎熟。

感谢汉堡包的发明

也许汉堡包的发明永远无法完全弄清和证实，因为自认为是先驱者的各方都不会放弃他们引以为豪的观点。但不管是谁，感谢有人发明了汉堡包，否则我们今天就吃不到了，也就不会有这本书。

前　言

　　我们知道你在想什么。又是一本关于汉堡的书？多余？冗长？或者更糟——毫无想象力？看起来或许是这样，但这本不一样，在我们浏览了关于这个主题的书籍后，发现它们好是好，但总感觉缺少了一些什么。对此，我们放弃抱怨，行动起来，去写一本更完美的书。这就是本书的由来：我们怀着撰写一本通用的标准作品的愿望，为我们最喜爱的食物建造一座大教堂。全面综合、惊艳四方，也许还有点疯狂（就像作者一样）。这本书既可以为制作汉堡的厨师提供灵感，也可以成为汉堡新手进入汉堡天堂的指南。

　　关于这本书的一个事实是：大道至简，制作完美的汉堡的关键就是要完善基本的要素。在"面包"部分，我们致力于详尽阐述各种自制面包的制作方法（有超过7900种可能的组合）。在"肉类"部分，我们接近了"汉堡宇宙"的中心：肉或肉排，行家会发现脂肪含量和研磨方面的技巧。在"肉饼"部分，我们研究了汉堡的肉饼，并发现不一定非要用牛肉。当然，30多种酱汁和50种松脆的配菜也有阐述。我们深究了汉堡的基本成分，因为任何想创造自己的完美汉堡的人都会在这里找到一个科学的汉堡知识。

　　我们在"汉堡法则"中记录了基本原则。任何破坏它们的人都会偏离美味的轨道。你越是深入研究汉堡的完美性，它就越是富有哲理。尽管对品味问题持开放态度，但我们想要的是对事实的清晰认识。这就是为什么我们请托马斯·维尔吉斯博士为我们破译汉堡物理学之谜，并得到了一些令人惊讶的见解，后面正文中将会展示这些见解。

　　当然，某些特殊的汉堡组成元素（如素食或甜食）也不应该错过。在"汉堡"部分，我们共介绍了70个食谱，按这些食谱将做出人间绝味的汉堡。我们，尤其是杰出的摄影师丹尼尔·埃斯魏因，为了拍出精彩的照片费了很大力气。

尼古拉斯·勒克劳克斯&胡伯图斯·奇尔纳

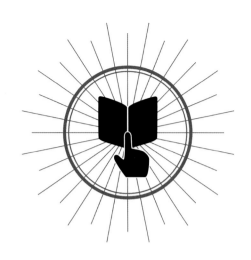

本书使用说明

如何使用本书和书中食谱？

1 最好先对作品有一个整体印象，再选择合适的汉堡食谱。是的，选择并不容易，你最好逐一尝试。

2 第一步是选择合适的小面包。本书从20页起提供了3种最受欢迎的基本面包配方。此外，我们还为高级面包师提供了许多其他方案，但别忘记个人的创造力是无穷的。基本上，我们在口味、口感、装饰配料、着色配料和其他融入食物中的配料及整体食用体验方面做了区分。

3 建议先烘烤面包，这样肉饼的直径才能与其完美吻合，因为肉饼在煎烤过程中会收缩约20%，所以生肉饼的直径要比面包直径大1~2厘米。

4 第二步是要确定肉饼的成分，也就是使用哪种混合方式。行家们可以在本书62页找到3种推荐的牛肉混合方式，它们都非常不错。若想要更多选择，也可以选择猪肉、犊牛肉、羊肉、禽肉等做的混合肉饼，素饼、全素饼和鱼肉饼也可以。需要再次指出的是，超市里现成的肉馅在口味方面绝对不是好的选择。请到信赖的肉店购买脂肪含量较高（20%~30%）的现制肉馅。

5 准备工作到此为止，现在进入真正的食谱部分。最好的方法是直接拍照、复印或写下食材清单，然后去买或订购。

6 制作汉堡的过程总是相同的：先烘烤面包，顺便准备肉馅、做肉饼，然后照着食谱的剩余部分操作。如果打算经常制作汉堡（应该从现在开始加入每周的饮食计划），应该多备一些基础配料，如酱料（特别是番茄酱和蛋黄酱）。新鲜出炉的面包可在冷却后单独冷冻（请不要冷冻前一天的面包，新鲜的味道最好）。虽然自己烤的面包非常美味，但由于没有添加防腐剂，它们的保存时间不长。因此，为了保证最佳的食用口感，需要尽快处理。若手边正好有一台速冻柜，一定要用它。我们测试过，速冻柜可以在7分钟内迅速冷却整箱啤酒，足以保证啤酒的完美口感。

7 还有一点很重要，就是要考虑如何制作肉饼，尤其是用什么工具制作。煎还是烤，要视天气而定。烤并不总是最佳选择，不是所有的食谱都适合浓郁的烧烤味。可以遵循食谱中的建议，也可以根据自己的口味调整。我们没有在食谱中写肉饼的烹饪方法，因为每个人都应根据所需的肉饼熟度选择适合的烹调方法。不过，从52页起，有一些提示和技巧。

8 最后是关于配菜的问题，如果你需要配菜的话。配菜当然也可以是第二或第三个汉堡。更多的创意配菜，你可以在83页之后找到。

9 总之，尽情享用你的汉堡吧！

关于食谱的实用基本信息

1 食谱上的标志及印章代表什么？图中的动物标识表示使用的肉的种类。优雅度无须过多解释，吃的时候自然就清楚了。难度指的是制作的难易程度。

2 使用木炭烧烤架烤炙肉饼时，需要先加热烧烤架，使其达到工作温度。在这方面，至少在加热速度上，燃气烧烤炉优势明显。

3 烤面包时也是如此。别忘了提前预热烤箱。

4 食谱中经常会用到蒜和洋葱。我们认为你在实际制作之前一定会去掉蒜皮和洋葱皮，因此未在食谱中特别提及。

5 使用生菜或香草时也是如此。书中食谱虽未次次提到，但在使用前应先将它们洗净并甩干。

6 食谱中用的水果和蔬菜也需要彻底清洗（最好用温水冲洗）和擦干。

7 肉饼的最佳烤炙温度，我们推荐210~250℃。这样既能迅速烤脆肉饼表皮，又不会把里面烤得太老……

8 油炸时的温度也很重要，我们推荐的油温为165℃。

面包

汉堡用面包

理想的面包就像最好的朋友。也就是说，它会一直在你身边。当你选择困难时，可以直接用它来做你想要的任何汉堡。

完美的汉堡

完美的汉堡是这样的：一个好的面包，即使肉汁渗入，也不会碎裂，但同时在味道和硬度上也不会喧宾夺主，不会抢了肉饼的风头。

默默无闻的汉堡英雄

一个好的面包是汉堡默默无闻的英雄。所有人都在赞扬肉饼，但是是谁把它们合在一起的呢？谁盛住了酱汁，确保了结构的完整性？是面包！它的贡献很多，但人们对它的感谢却很少。

超市中的面包

超市中的面包并不适合做汉堡，因为它们很快就会变干，接触到肉汁就会碎，而且要是看一下配料表，还会发现很多添加剂。

赞扬和认可

我们在这里大胆保证：如果你努力尝试自制汉堡包（并且按照我们的提示），从现在起，你就不会想用超市的面包了。"一旦你开始自己动手烘焙，就再也回不了头了。"因此，我们提醒你，要慎重……

制作面团和烘焙都需要一些练习，但回报也相当大。简而言之，优点如下：

1. 显著优越的口感体验。

2. 自己面包房的香味。

3. 不容忽视的好处是，来自家人和朋友的赞扬和认可，大家会扬起眉毛，发出尖叫："哇，真的是你自己烤的吗？"

其他都不重要

德国最好的汉堡店如果不自己烘焙，至少也会让别的烘焙师按本店的秘方每天制作新鲜的面包，除了肉饼之外，用真材实料制成的自烤面包是享受汉堡的必要组成部分。当然，如果你对汉堡是真爱，就会自己做面包。

制作面包

1 材料准备
准备好所有材料，检查是否齐全。

2 酵母发酵
将酵母与少量的糖和面粉混合，以激活酵母使其充分发酵。将所需的牛奶稍微加热（45℃）。

3 面团配料
将软化黄油与盐一起揉入其余面粉中。

4 全部混合
将所有材料揉成一个均匀的面团。

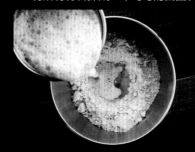

5 揉
将混合物揉成均匀、光滑、有光泽的面团。

6 放配料
根据需要，在面团中加入如坚果或果仁等调节口味或口感的配料。

7 发面
将面团放在相对密封的容器中，在温暖的地方静置至少45分钟，直至面团体积翻倍。

8 避免通风

面团发酵好后，就可以进行下一步了。

10 分剂

用面团卡尺和秤，将面团分成重量完全相同的小剂子。

13 上光

将全蛋液或蛋清轻轻地刷在面球上。不要太多！

11 揉圆

在工作台面上用掌心将小剂子揉成光滑的面球。

9 搓条

用手再次将面团揉匀，然后搓成条。

14 适量的装饰物

选择一种装饰物，撒在面球上。

12 二次发酵

将面球放在铺有烘焙纸的烤盘上，相互之间留有足够的空间，再次放到相对密封的容器中静置发酵。

15 放入烤箱

将装有小面球的烤盘放入预热好的烤箱。

16 烘烤

将面包烤至金棕色。烘烤时，检查它们是否均匀地烤成金棕色，如有必要，可将烤盘转动一次。

18 煎至酥脆

将面包切片，放入平底锅中，用微咸的黄油煎至金黄。

19 燃烧吧

喜欢使用烧烤架的人，也可以用烧烤架将切开的面包烤至金黄。若想要特别的风味，可以在烤之前在面包上涂抹一些黄油。

17 完成

烤好的面包在厨房里散发出诱人的香气。

20 准备好了

直接在烤架上组装汉堡，然后在最佳温度下享用它。

21 冷冻

新鲜面包冷却后，可以用保鲜膜包裹并冷冻。食用前，将其放在室温下解冻，解冻后再拆除保鲜膜。

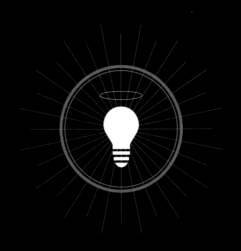

面包知识探究

面粉类型对烘焙有什么重要意义

汉堡面包通常用550号面粉（德国面粉分类，中筋面粉）制作。甚至我们还经常强调，用于精细烘焙食品的标准类型405号面粉是不行的。

事实上，面粉型号与面粉的矿物质含量有关。矿物质指钠、钾、钙、镁等，它们除了影响营养功能外，还会影响面粉和烘焙食品的物理状态，这是因为所有这些矿物质都是带电荷的，钠离子和钾离子是一价的，钙离子和镁离子是二价的。每个电荷都会影响面筋的属性，而面筋的分子链结构中也有许多带电荷的氨基酸。此外，矿物质还会在其周围聚集不同数量的水——并与之结合。由于面筋的分子非常长，因而矿物质含量虽少，但作用很大。

在矿物质浓度非常小或几乎为零的面粉中，如405号面粉，面筋本身的电荷会有很强的排斥作用，分子之间不能靠近，不能相互反应，面包心结构就会变得不规则。在矿物质含量过高的面粉中，特别是在钙和镁等二价离子过多的情况下，面筋分子会被这些电荷黏合在一起。所以，如果有太多的二价离子，面团就会变得过于结实筋道，从而发酵和所产生的孔隙结构更加不均匀。而550号面粉是比较平衡的：每100克面粉中含500~630毫克矿物质，有足够的一价和二价离子可以平衡面筋所含的略微过剩的电荷而又不会产生干扰。因此面包心可以保持松散和细小的孔隙，也具有平衡适度的筋度。面包可以烤制成型而不会散开，同时具备吸收酱汁和肉汁的最佳条件。

由于矿物质主要存在于谷物的外表皮层，所以面粉型号也与磨粉和筛分的程度间接相关。550以上型号的面粉中不溶于水的固体物质含量也较高，这与矿物质含量较高一样，也会与膨松作用相抵消。因此，由于物理原因，均匀、细密的孔性结构是不可能形成的。

水中的石灰（钙）含量（水的硬度）也必须考虑在内。过多的钙，也就是过硬的水，具有很强的黏合作用，会对面团的筋道度产生干扰。

盐是如何改变面团的

盐（NaCl）在面团中承担了基本的物理任务，即使少量添加，也能使面团更筋道，这是盐与蛋白质物理作用的结果。

盐在水环境中溶解，形成带正电荷的钠离子Na⁺和带负电荷的氯离子Cl⁻。这些离子可以与其他极性或带电分子或分子成分相互作用。水分子（H_2O）是极性分子，分子中氧原子的周围会偏负"电荷"，两个氢原子周围会偏正"电荷"。它们很容易结合，在离子周围形成水合物壳。仅仅因为这个原因，加盐的面包比不加盐的面包看起来更湿润、更新鲜。盐起到了保湿的作用，因为在烘烤过程中，与离子结合的水分从面包上蒸发的速度较慢。

4~16个带负电的氨基酸分子导致蛋白质分子内部和分子之间出现大量预设的物理冲突：相同的电荷相互排斥，相反的电荷相互吸引，这在同一分子链内和不同的面筋大分子之间都会发生——带电的盐离子和面筋分子中带电的氨基酸分子之间也会发生类似的相互作用。同样带正电和负电，小的盐离子比巨大的、惰性的面筋分子集合体更具流动性。它们被蛋白质中带相反电荷的氨基酸所吸引，聚集在它们周围并屏蔽它们的电荷；在物理学上，这被称为德拜-休克尔（Debye-Hückel）屏蔽。于是，面筋分子之间的相互作用立即变弱，它们在这些区域结成的团块减少，弹性也得到改善。这种屏蔽效果随着盐浓度的增加而增加。同时，相同的电荷也被屏蔽得更厉害，其他区域的排斥力也会减少。总体而言，分子链变得更加

护自己免受水的影响，面团会变得更结实，但同时也更有弹性。与永久交联的二硫键相反，这些疏水的链化合物在施加高力和膨胀时更容易松开，面团因此更具"弹性"，即在高变形下可以永久成型。更高的盐浓度会导致结构更硬，但面团的弹性也更高。总体上，这会使发酵时间更稳定、面包心结构明显更细密，以及面包的保鲜时间更长。

———

加糖的作用是什么

几乎所有的面包制作都要加少量糖，有两个原因。第一，发酵剂酵母菌需要食物，因为它们要代谢葡萄糖，在面团中产生二氧化碳（CO_2），使面团膨胀，从而让其变得松软。由于酵

简而言之，淀粉酶被认为是分子剪刀，它一次又一次剪断长的葡萄糖链，从而逐渐释放出葡萄糖。只有这样，面团才会真正变得蓬松，并在烘烤过程中形成细密的孔状结构。

第二，在烘烤开始时尚未代谢，或者说尚未释放的糖分子有助于发生褐变。孤立的糖分子会焦糖化，给面包带来诱人的焦糖香气。在烤面包的表面，糖与小麦蛋白中的氨基酸发生化学反应，这些氨基酸是发酵时通过酶水解释放出来的。糖和氨基酸通过美拉德反应生成新的分子，从而产生完美的面包所具有的美妙风味。

总之，面包中的糖不是简单地用于增甜，更是作为烘焙助剂，对发酵、孔隙、褐变和香味都有作用。

———

如何控制面包的松软度

与通常的看法相反，松软的面包并不仅仅只是用来做汉堡的辅助工具，正是它们适宜的松软度、孔隙大小和水分含量，才能最终成就一个完美的汉堡。最简单的方法是采用550号小麦面粉。细化到几个基本点，面包坯必须满足一系列（物理）要求。

稳定性和膨胀性

这些特性是由面粉和小麦面筋的弹性决定的。面筋的小麦蛋白主要由麦谷蛋白和麦醇溶蛋白组成，围绕着小麦淀粉粒，形成一个高弹性的网络。要形成面团，麦谷蛋白还需要水，面团在未烘烤时是橡胶状的。高变形性是弹性完美的面包的基础。良好的弹性对于面团的发酵也是必不可少的。酵母使面团膨大，由于酵母产生的气孔（二氧化碳）使周围的面团膨胀变形，体积急剧增加。在这个过程中，面团不能胀破撕裂，否则就意味着面包心和所需疏松度/孔径达不到，因为除了要能牢牢地"抓住"之外，面包实际上主要的任务是吸收肉汁和酱汁，即不同性质的液体。太大的孔隙会很快填满，但却无法容纳酱汁。因此，孔隙大小（容量）和面包心壁材料（水合性/与水结合能力）之间的平衡关系对于面包也是必不可少的。

孔径不要太大

光有面粉是不够的，因为如果就这样让酵母和面团进行发酵，可能会形成大小并不均匀的气泡，这一点有时从"水滴面包"（Wasserwecken）可以看出。因此，必须要对面包的膨松度进行调整，使发酵过程中形成大致均匀的气泡。这里额外添加蛋白质就很有用，因为当热量渗透到内部时，它可以限制烘烤时面团的膨松过程。首选是鸡蛋，蛋清和蛋黄的蛋白质在63℃以上的温度时，蛋白质结构会捆紧，气泡不能再随意长大。太大的气泡，出现在一般的面包或餐包中还可以容忍，但在汉堡面包中是绝不合适的。

均匀的孔隙大小

均匀的孔隙大小是依靠脂肪形成的。美味的黄油是最好的选择。黄油不仅提供香味，而且在36℃左右才会熔化，所以在发酵的温度下，它处于半固体到"蜡质"阶段。因而在揉面时，会加入不完全是液体的小滴黄油。它们固态的微粒小珠，能够提供更多的稳定性。

黄油脂肪还起到了抑制泡沫的作用，气泡可以保持较小的体积，孔隙大小变得更加均匀，这从做得好的手工吐司中也可以看到。

烤制过程中的香味

面团中添加盐、糖、黄油和鸡蛋，如有必要，可能还有牛奶或奶粉。烘烤或烧烤（非酶促褐变）过程中的美拉德反应会从糖和氨基酸（蛋白质的组成部分）中产生美味的焦糖香气，这只是汉堡完美味道的一部分。同时，蛋清、盐和糖在未变色的面包内部会保湿。面包保持湿润，更有弹性，不会断裂。

黄油还能使面包更有弹性。好的、富含黄油的吐司面包在相同的褐变程度下内部仍有弹性，而烤过的、不含脂肪的面包片（相同厚度）已经很硬、很脆了。

结论：一个完美的面包，其结构会让人想起没有甜味的布里欧修面包。

———

用油好还是用黄油好

黄油有一个很大的优点：它在36℃左右熔化，在此温度之下是固体；在28~35℃时是蜡状。橄榄油在8℃以上是液体，菜籽油和葵花子油即使在冰箱里也不会变成固体。因此，黄油能在面团中保持液滴的稳定性。在发面和揉面过程中，黄油呈蜡状，因此具有更高的稳定性。

在发面过程中，黄油保持半固体状态，由于其部分结晶，有更坚固的结构，故具有更高的稳定性。

做素食面包可以用什么替代黄油和鸡蛋

黄油可以用可可脂（不带巧克力味）或椰子油代替，它们的熔点与黄油相似。

鸡蛋可用豌豆蛋白代替，其可以起到部分乳化作用，但不能取代易于控制孔径大小所必需的蛋清蛋白，因为豌豆蛋白不具有交联性。

大豆蛋白也可以作为鸡蛋的替代品，因为它们可以交联并形成凝胶（见豆腐或嫩豆腐）。一段时间以来，富含蛋白质的羽扇豆粉也可以在保健食品商店买到。它也具有类似鸡蛋的特性。

还有什么发酵剂？对于面团有什么样的意义

酵母的优点是将糖转化为酒精（酒精在烘烤过程中会蒸发掉），并产生二氧化碳，作为发酵气体，使面团"发起来"。这对编结面包（Blitz）来说是一个缺点，因为根据温度，发酵可能需要两小时（另外，面团在冰箱中放一夜也能"发起来"，会产生更细密的气孔）。替代品可以是泡打粉、小苏打和其他传统的发酵剂。这些制剂是碱性的，pH较高，并且二氧化碳会与相应的分子进行化学结合。

然后，随着温度的升高，二氧化碳逐渐释放，因此面团在烘烤过程中会"发起来"。在酸面团中，酸（乳酸、醋酸）也会与碱性发酵剂发生反应，从而释放出气体。如在小苏打中滴一点醋，或将小苏打溶于水并加热，就很容易看到这一点。一般来说，这样就省去了发酵过程，因而也就意味着缩短了制作时间。这样形成的气孔同样也很细密。然而，使用这种发酵剂会改变味道。如果用量大，面包会有相当大的肥皂味，而且反应中还会产生钠，会改变面包的咸度。另一个缺点是发酵剂需要准确的用量：当产生的二氧化碳释放完之后，就不会再有补充。而酵母不同，酵母只要有足够的食物，即葡萄糖，它们就会持续产生二氧化碳。由于淀粉酶在发酵过程中分解淀粉，因而二氧化碳的供应更有可能得到保证。因此，面包师倾向于使用酵母之外的发酵剂

来制作更扁平的烘焙食品。如果想要更扁平的小圆面包，泡打粉等发酵剂是很好的选择。

对于较轻的面团来说，另一种选择是加入蛋清。这也可以产生孔隙细密且交联良好的气孔结构。

少许面粉（在这种情况下，也可以部分用极细的蔬菜粉代替）与大量蛋清混合，形成一个更像是液体（煎饼糊）的面团，调味后，倒入慕斯泡沫器，喷入模具，并在微波炉中以大功率"发起"。

面包食谱

土豆面包

土豆面包是美国和加拿大汉堡的标配。加入煮熟的土豆或甘薯可提供蓬松的、一致的、良好的稳定性。这种面团有点难处理，比布里欧修奶油蛋糕更宽，但它更加蓬松。我们一直在寻找一个完美的配方，终于在ladyandpups.com网站上Mandy的美食博客中发现了这个非常好的配方。

制作12个，每个80~85克

材料

300毫升牛奶（3.8%）

8克干酵母

70克红糖

310克405号面粉

200克煮熟的土豆（提前1天准备）

250克550号面粉

9克研磨海盐

1个大鸡蛋

80克软化黄油

烘烤前准备材料

1个蛋清

2汤匙水

少许海盐

根据配方和喜好选择配料

1 将蛋清、水和海盐在碗中混合，盖上盖子冷藏备用。

2 准备好所需的配料。

3 将牛奶放在锅中加热到45℃，不要让它太热，以免酵母失去活性，加入干酵母、1汤匙红糖和1汤匙405号面粉作为"点火剂"，轻轻搅拌。静置10分钟，直至形成气泡。

4 将煮好的土豆去皮，用叉子捣碎，直到没有粗块。所有剩余的面粉、红糖、盐、鸡蛋与做法3的原料一起放入料理机中搅拌，以最低速搅打，直到形成一个粗糙的面团。用刮刀不时从边缘刮下面团，使其均匀。

5 分次加入软化的黄油，中速搅打。然后高速搅打10分钟，直到形成均匀、光滑、有光泽的面团。现在的面团应该是有弹性的，并且略微有点黏。将面团取出，用保鲜膜覆盖，然后盖上厨房毛巾，室温静置1~1.5小时，体积应增加一倍。

6 在工作台面上撒少量手粉。用刮板将面团刮到工作台面上揉，使空气逸出。用擀面杖将面团擀成长方片，再卷成圆柱形。重复这个过程，然后切12等份。为了获得完美的尺寸，我们建议称量面团，然后将其准确地分成几块。将这12个面团揉成圆润的球形。

7 将面球放到铺有烘焙纸的烤盘上，间隔约5厘米，用保鲜膜或布完全盖住，让面包坯再发酵1小时，直到体积增加一倍。

8 用硅胶刷小心地涂上蛋清、水和海盐的混合物。确保表面都涂抹润湿。根据需要添加各种配料。将烤盘放入预热至200℃的烤箱中，烤15~20分钟，直至表面呈金黄色（烘烤时面包坯应再次膨胀）。取出晾凉，用厨房毛巾盖住，放在一边备用。

布里欧修面包

布里欧修（黄油鸡蛋圆面包）实际上是法式早餐的经典之作。但其微妙的甜味和黄油味也与烤牛肉十分相衬。当纽约的第一批餐馆和小酒馆试图创造城里最好的汉堡时，小圆面包不可避免地在某个时候随着这股狂热而优化改良。因此，布里欧修被赋予了第二种身份，即成为高档的汉堡面包。如果想将这个小圆面包做到极致，可以去找当地信得过的五金工匠，按照想要的尺寸制作合适的不锈钢圈模具，以便做出完美的形状。

制作8个，每个80~85克

材料

3汤匙牛奶（3.8%），室温

40克蔗糖

380克550号面粉和少量手粉

21克新鲜酵母

1个鸡蛋（大号）

35克软黄油

3汤匙405号面粉

9克海盐

240毫升牛奶

烘烤前准备材料

1个蛋清

1汤匙水

1小撮海盐

根据配方和喜好选择配料

1 将蛋清、水和海盐在碗中混合，盖上盖子冷藏备用。

2 将3汤匙牛奶在锅中加热至45℃，倒入碗中，加入1汤匙糖和1汤匙

550号面粉作为"点火剂"，将酵母弄成碎屑放入，搅拌。静置10分钟，直至形成气泡。同时，在碗中轻轻地打蛋，放入剩下的糖。

3 在一个大碗里，将软化的黄油与两种面粉和海盐混合，直到混合均匀，然后分次加入做法2、牛奶。放入料理机中中速搅打6分钟。

4 即使一开始面团又黏又腻，也不要急着加面粉。因为面粉越多，面包就越硬，越不湿润。不管一开始看起来多么不可能，揉的时间越长，面团就越有弹性和可控性，并且也越来越不会粘在手指和工作台面上。

5 将面团揉成球状，放入碗中，盖上保鲜膜，室温发酵1~2小时，直至体积翻倍。

6 在工作台面上撒一点手粉。用刮板将面团刮到工作台上，然后将其切8等份。

7 将这8个面团揉成圆润的球形，放在铺有烘焙纸的烤盘上，间距约5厘米。

8 用保鲜膜或布完全盖住烤盘，让面包坯再膨胀1小时，直到它们的体积增大一倍。

提示：如果您想要完美的小圆面包，只需将面包坯放入涂满油的不锈钢圈模具中（如直径为8~10厘米的慕斯圈）。如果面坯一开始还碰不到模具壁，也没有关系。只有当面团再次发酵并烘烤时，它们才会完全膨胀。

9 等到面包坯充分发好后，用硅胶刷小心地涂上蛋清、水、盐的混合物。确保表面都涂抹润湿。最后根据需要加入各种配料。然后入预热到200℃的烤箱中烘烤15~20分钟，直到表面呈金黄色（在烘烤过程中，面包会再次膨胀），取出备用。

素食面包

素食面包未必亚于用鸡蛋和黄油做的面包，事实上，在排名前三的面包配方中它们是不相上下的，在味道和口感方面它也绝不逊色于其他面包。它只是有一点不同，或者更确切地说：特别。

我们用素食代表——橄榄油和豆浆取代黄油、鸡蛋和牛奶。效果非常好，且与众不同。如果喜欢健康食材，可以使用斯佩尔特面粉T1050和T630。

制作12个，每个80~85克

材料

50毫升水

2汤匙蔗糖

310克405号面粉

250克550号面粉，少量手粉

8克干酵母

1汤匙软化可可脂

3汤匙橄榄油（也可以用其他油）

8克海盐

260毫升豆浆

2汤匙植物奶油

烘烤前准备材料

少许豆浆

1小撮海盐

根据配方和喜好选择配料

1　将豆浆和海盐在碗中混合，盖上盖子冷藏备用。

2　将水放入锅中加热到45℃，加入1汤匙糖和1汤匙550号面粉作为"点火剂"，并将酵母放进去，混合后静置10分钟，直到形成气泡。

3　在一个大碗里，将软化的可可脂和橄榄油与剩余的面粉、海盐和剩余的糖混合，直至形成均匀的碎屑状混合物。然后逐渐加入做法2、豆浆和植物奶油，放到料理机中，以中速搅打10分钟。

4　一开始面团会很黏很腻，但不要马上加太多面粉，否则之后面包会太硬，不够湿润。揉的时间越长，面团就越有弹性和可控性，就不会再粘在手指和工作台面上了。

5　将面团揉成球状，放入碗中，盖上保鲜膜，室温发酵1~2小时，直至体积翻倍。

6　在工作台面上撒一点手粉。用刮板将面团刮到工作台面上，然后切12等份。将面团揉成均匀、光滑的球形，放到铺有烘焙纸的烤盘上，用保鲜膜或布完全盖住，让面包坯再发酵1小时，直到面包体积增加一倍。

7　等到面包坯充分发好后，用硅胶刷小心地涂上蛋清、水、盐的混合物。确保表面都涂抹润湿。根据需要添加各种配料。然后放到预热至200℃的烤箱中烤15~20分钟，直到表面呈金黄色（在烘烤过程中，面包会再次膨胀）。把烤盘从烤箱里拿出来，放凉，将面包用厨房毛巾盖住备用。

面条面包

220页有配套的汉堡食谱

制作6~8个

材料

200克面条

少许海盐

1~2个鸡蛋

少许蔗糖

适量切碎的细香葱、花生油（用于煎炸）

1 锅中放入盐水煮面，直至面条筋道有嚼劲，然后放入盘中摊开，稍微冷却。

2 将鸡蛋放入碗中，加入少许盐和糖，打至起泡。加入煮好的面条，搅拌均匀，使面条全部裹上鸡蛋。放入少许切碎的细香葱。

3 将面条压到涂了油的环形模具中（直径至少8~10厘米），用保鲜膜盖住，放在冰箱里冷却。

4 放入足够热的花生油中煎炸，直到两面都酥脆。从油中取出，并用厨房纸巾吸油，放在一边待用。

通心粉芝士面包

238页有配套的汉堡食谱

制作10个

材料

200克通心粉或迷你通心粉

4个鸡蛋

70克切达芝士（磨碎）

适量海盐、黑胡椒粉、面粉、粗面包屑、花生油（用于煎炸）

1 将几个涂过油的、直径为8~10厘米的环形模具放在铺有烘焙纸的烤盘上。

2 在锅中用盐水将通心粉煮至有嚼劲，取出后用剪刀剪成小段。或者使用迷你通心粉。

3 将2个鸡蛋放入碗中，加入少许海盐，打至起泡。加入切达芝士碎末和通心粉，必要时用海盐和黑胡椒粉调味，并用小火水浴，不断搅拌，使其熔化并变稠（注意：如果太热，蛋黄就会凝固得太厉害）。将等量的混合物倒入环形模具中，用保鲜膜覆盖，然后用罐、瓶等模具压紧。

4 将通心粉冷冻至少1.5小时。

5 将2个鸡蛋放在碗中打至起泡。取出通心粉，滚上面粉，在起泡的鸡蛋液中蘸一下，再裹上面包屑，然后在锅里用热花生油轻炸至金黄色。捞出在厨房纸巾上吸油，即可食用。也可加入一些切碎的细香葱。

英式松饼

218页有配套的汉堡食谱

制作14个

材料

半块新鲜酵母（21克）

100毫升水

150毫升牛奶

60克黄油

2汤匙糖

1茶匙海盐

225克405号面粉，少量手粉

175克全麦面粉

适量玉米粉（用于撒粉）、花生油（用于煎炸）

1 将酵母在碗里用45℃温水化开，并放置约15分钟。

2 在锅中加热牛奶至温热，加入黄油、糖和盐溶化。加入酵母水。转移到一个大碗中，加入面粉快速揉成一个光滑的面团。揉成球形，放入碗中，用湿厨房毛巾盖住。在室温下静置1.5小时，直到面团体积增加一倍。然后将面团放在撒了面粉的工作台上并擀成1.5厘米厚。用饼干模（直径8~10厘米）切出一个个圆形，放在铺有烘焙纸并撒有玉米粉的烤盘上，间隔5厘米。在饼坯上撒玉米粉，盖上保鲜膜或布，再放置发酵1.5小时。

3 在平底锅中加入少许花生油，将饼坯放入，用中火煎8~10分钟，翻面再煎8~10分钟，注意不要让松饼太快变褐色。

比利时华夫饼

225页有配套汉堡食谱

制作10~12个

材料

200毫升牛奶

65克蔗糖

280克405号面粉

半块新鲜酵母（21克）

125毫升黄油牛奶

60克黄油

2个鸡蛋

少许海盐

适量花生油（用于煎烤）

1 在锅中将6汤匙牛奶加热至45℃，将1汤匙糖溶于其中，并加入1汤匙面粉，加入酵母碎并搅拌。将混合物静置15分钟发酵，盖上毛巾。然后将除花生油以外的其余原料一起放到料理机中，混合搅拌成面糊，用布盖住，放在温暖处发酵35分钟。再次简单搅拌面糊，然后盖好再静置5~10分钟。

2 华夫饼铛预热，用刷子刷一些花生油。倒入一些面糊，盖上盖子，将华夫饼烤至金黄色，取出冷却。

德式碱水球（德式粗盐小球餐包）

114页有配套汉堡食谱

制作8~10个

材料

100毫升牛奶

半块新鲜酵母（21克）

1汤匙糖

380克550号面粉，少量手粉

90克405号面粉

2汤匙蜂蜜

120克软黄油

1个大鸡蛋

1茶匙海盐

100毫升脱脂牛奶

碱水材料

1升水

50克小苏打

1 在锅中加热牛奶至45℃，加入酵母、一些糖和1汤匙550号面粉一起搅拌成面团，静置发酵15分钟。

2 将剩余的面粉、蜂蜜和黄油揉成均匀的碎屑状。

3 在料理机中将鸡蛋与盐一起打匀，和做法1混合，一点点加入做法2中，高速搅打至少10分钟。将面团放入碗中，盖上盖子，放在温暖的地方静置约1.5小时，直到体积明显增大。然后将面团放到撒了少许面粉的工作台上，用手揉至光滑有光泽。将整个面团称重，然后分成80~90克的小块。

4 将面团块做成圆润的球形，放到铺有烘焙纸的烤盘上，间隔约5厘米，用保鲜膜或布将烤盘完全盖

住，让面包坯再发酵20分钟，直到面包体积增加一倍。

5 同时，将1升水煮沸，转小火，分次加入小苏打，因为小苏打在热水中反应比较剧烈，会产生大量气泡。

6 将面团稍稍压扁，用笊篱小心地将它们一个一个浸入小苏打溶液中，并在15秒后翻转。面团应在碱水中总共浸泡约20秒。从碱水中捞出，放回带烘焙纸的托盘上。

7 将托盘放入预热至190℃的烤箱中烤15~18分钟至金黄色。取出冷却。

印度馕饼

195页有配套的汉堡食谱

制作12个

材料

150毫升牛奶

1块新鲜酵母（42克）

2.5汤匙蔗糖

500克405号面粉，少量手粉

1汤匙印度酥油（Ghee），多准备一些用于油煎

半茶匙泡打粉

适量海盐、植物油

150毫升全脂酸奶

1小撮杜卡（埃及等地的特色调料）

1 在锅中将牛奶加热至45℃，取部分牛奶与酵母、1汤匙糖和1汤匙面粉在碗中混合，静置10分钟。

2 将酥油在微波炉中短暂加热至微温，与剩余的面粉、泡打粉混合。加入2小撮盐和剩余的糖。做法1、做法2与酸奶和牛奶一起分次放入

料理机，揉成一个均匀的面团。将面团用布盖上静置45分钟，直到面团明显发酵膨胀。

3 称量面团，将其分成重65~70克的小块。在撒了少许面粉的工作台上揉成均匀、光滑的球形。将这些面团球擀一下，不要擀得太薄，然后入刷了少量植物油的平底锅中用中小火煎，每面煎4~5分钟。最后，用一些酥油放在面包的两面再烤一下，用少许海盐和杜卡调味。

蒸面包

126页有配套的汉堡食谱

制作18个

材料

350毫升牛奶

1.5茶匙干酵母

1.5茶匙绵白糖

500克405号面粉

125克550号面粉，少量手粉

1小撮海盐

1茶匙泡打粉

2汤匙花生油

1茶匙味滋康米醋

1 在锅中加热牛奶至45℃，加入酵母、半茶匙绵白糖和1汤匙面粉（405号），混合，静置15分钟，待其发酵。

2 将剩下的面粉、剩余的绵白糖、海盐、泡打粉和油在碗中揉成均匀的碎末状。在料理机中分次加入做法1、醋一起揉成光滑、有光泽、均匀的面团，高速搅打至少10分钟。将面团放入碗里，用厨房毛巾盖上，在温

暖的地方静置1~2小时，直到体积明显增大。

3 将面团放到撒了少许手粉的工作台上，用手揉至光滑有光泽。称重面团，均分为18份。

4 将面团块做成圆润的球形，用擀面杖擀至4毫米厚，呈椭圆形，在表面刷上一点花生油，将一根涂过油的木棍横放在面包的中央，将面团沿木棍折叠。

5 将烘焙纸剪成小块（12厘米×10厘米），在每张纸上放一个面包坯。

6 在表面轻轻刷上一点花生油，盖上保鲜膜，放到温暖处，再发酵1~2小时。然后放在竹笼屉或铺着布的锅里，用适量沸水蒸8~10分钟，期间不要掀开锅盖。取出面包，在折叠处用刀切开，填入适当配料，趁热食用。

泡芙面包

262页有配套的汉堡食谱

制作6个

材料

180毫升牛奶

1小撮海盐

1茶匙糖

50克黄油

135克550号面粉

3个鸡蛋

1 在奶锅中，将牛奶、盐、糖和黄油煮沸，熄火，加入面粉搅拌匀。再开火搅拌，直到形成一个坚固、均匀的球。掌握火候很重要，目的是去除面糊中的水并避免焦煳。

2 让面糊在奶锅中稍微冷却，然后均匀地打入2个蛋黄和1个鸡蛋，将面糊装入带有大星形裱花嘴的裱花袋中，在铺有烘焙纸的烤盘上挤出直径2~3厘米的奶油泡芙。将泡芙放入预热至190℃的烤箱中烘烤，上下火烤20~25分钟，直至金黄。然后放在托盘上冷却。烘烤时不要打开烤箱，否则面团会严重塌陷。冷却后，切开奶油泡芙，按喜好进行加工。

巧克力面包

260页有配套的汉堡食谱

巧克力面包只是在基本面包、布里欧修或土豆面包基础上的一个变化，素食面包也同样适合，只需将巧克力加入面团中。

煎烤面包

264页有配套的汉堡食谱

煎烤面包是在基本面包基础上的一个变化，布里欧修或土豆面包和素食面包也同样适合。

与普通面包唯一不同的是，在经过最后一次发酵后，将面包放在175℃的热花生油中煎，而不是在烤箱里烤，两面煎至金黄色。

为面包增色

接下来将会介绍让面包个性化的各种衍生方法和无限可能，最重要的是，给原本乏味的面包注入活力。

每个人都想吃精美的汉堡，但很少有人明白，汉堡面包对口味、外观、实用性，以及饱腹感也有非常大的作用。

如果没有面包，汉堡就只是一块肉饼，再配点酱汁而已。是面包使汉堡不再只是肉饼、肉丸、香肠（我奶奶常这样说）和酱汁。所以它也应得到关注。

以下三要素可以组合出无穷的可能。

三要素：浇料、口感和味道

浇料： 即在烘烤前后，借助蛋黄等可以粘在面包表面上的所有食材。重要的是，在烘烤过程中不会烤坏。不过你也不需要再一一尝试了，因为我们已经为你准备好了。

口感： 在面团的最后一次成型过程中，可以在面团中加入喜欢的食材。

味道： 你可以替换食材，在味道和外观方面带来创新。如通过替换液体和添加风味强烈的食材，就会形成不同的味道。

三要素：浇料、口感和味道

浇料

不想让面包"裸奔"，那就穿上"衣服"。

去电影院看电影，没有爆米花，就只有一半的乐趣。这里有一千种方法可以让你按照喜欢的方式，为汉堡增添趣味。如果用爆米花装扮面包，它将成为下一次烧烤活动中的汉堡明星。任何味道好、看起来诱人而且不会烤坏的食材都可以加入。

固定浇料的"釉料"

以下材料可以把浇料固定在面包上，并使其表面具有必要的光泽和张力。

材料

蛋清	蛋黄
牛奶	奶油
奶油与蛋黄混合	豆浆
杏仁奶	食用油
黄油	水
糖水	

我们建议在所有的"釉"料中加入少许海盐调味，然后用刷子均匀地涂抹在面包上。

适合放的食材

八角（整个或粗碎）

——

罗勒子

——

奇亚籽

——

燕麦片（细粒或粗粒）

——

榛子（整颗、切碎或焦糖处理）

——

咖啡豆、可可豆、芝士、椰肉、帕玛森芝士、开心果（均磨碎）

——

孜然

——

砂糖

——

葛缕子

——

葵花子、大豆、茴香子、腰果、南瓜子、杏仁、碧根果、松子（整粒或切碎）

——

海盐

——

紫菜（油炸后切碎）

——

巴西坚果（切碎）

——

核桃、胡椒（粗碎）

——

爆米花（咸甜均可）

——

藜麦（在盐水中煮沸，在厨房纸上晾干并油炸）

——

黑孜然

——

芥菜子（用醋腌制）

——

黑白芝麻

——

培根（生的，切丁）

——

墨西哥玉米粉卷

——

番茄片

——

口感

所有的浇料成分

当然也可以添加到面包里一起烤，给面包带来额外的口感，但遗憾的是，许多食材由于含糖量高，在烘烤过程中很容易烤焦苦。

冻干产品

加在面团中非常好，但无法固定在上面。冻干产品的优点是具有浓郁的香味，烘烤后仍有松脆感，而且不会给面团增加水分，使之变软。

水果干

可以加入面团中，但不适合作为浇料。它们使面包具有酸甜的口感，但并不适合所有汉堡。

坚果

会给面包带来更脆的口感，使味道更加完美。把它们放在面团里比放在表面好。

新鲜水果

也可以加入面团中，但应该先用厨房纸巾把它充分擦干，如果有必要，可以把它放到淀粉中裹一下，然后轻轻拍掉，这样就不会把水渗到面团里。

我们喜欢的口感

杏干

烤豌豆

小檗果实

碧根果、榛子、花生、腰果（切碎、焦糖处理或炒香）

蔓越莓

豌豆（新鲜的焯水后用）

无花果干

冻干蔬果（玉米、豌豆、甜菜根、黑灯笼果、干或半干的圣女果）

蓝莓干或新鲜蓝莓

糖渍水果（橙子、柠檬等，切细丁）

刺山柑（腌制或油炸）

胡萝卜（切碎后在锅里煎脆）

芝士（磨碎）

蒜（切细丁并烤至酥脆）

烤椰蓉

香草（新鲜或干的）

扁豆（煮熟）

栗子（粗略切碎并焦糖处理）

棉花糖（切细丁）

聪明豆（即巧克力豆，雀巢的产品）

紫菜片（油炸并粗略碾碎）

橄榄（去核，粗略切碎）

胡椒（粗碎，或腌制的绿胡椒）

李子干

鲜菇（切丁，炒熟并调味）

干蘑菇（泡发）

紫甘蓝（切碎并炒熟）

巧克力（粗略切碎）

烤培根（切丁）

玉米片（粗略碾碎）

洋葱丁（烤脆）

味道

加入里面和浇在上面的材料都可以与面包完美融合，并使面包更加完美。

它们赋予了汉堡面包前所未有的个性。你或多或少都需要自己先尝试一下，所以我们只向高级面包师推荐这些实验。你需要对合适的稠度和面团的手感有一点感觉。相应地，有时要多加一点面粉，或者加一些液体。

三要素使用示例

1 培根可作为浇料，面团中可加入培根油，还可以在面团中加入切碎的酸菜。

2 如果喜欢异国情调，可以用椰子片作为配料，在做法中可加入菠萝汁和椰子水，并在面团中加入菠萝蜜饯。

基本做法

在大多数情况下，引入新的味道是比较容易的，只需将布里欧修食谱中的水换成以下调味汁或果泥即可。对于土豆面包，可以替换一些牛奶，对于素食面包，可以替换一些水和豆浆。

果汁和果泥

对于果汁和果泥来说，情况有些不同，酸度起着重要作用。因此，我们建议在制作土豆面包时最多使用150毫升果汁和果泥代替牛奶。

冻干颗粒

冻干颗粒在味道和颜色上都有很好的效果。最重要的是，它们有一个优点：不会在面团中添加任何额外的液体。

蔬菜酱和乌贼墨汁

要小心使用高浓度的酱汁，如番茄酱，最好使用一些番茄味的调味料。如果添加太多番茄酱，会使面团变得非常湿软，且无法正常发酵。乌贼墨汁也同样如此，也要小心使用，最多使用1~1.5茶匙。

坚果油

应与适当的坚果奶结合使用。

乳制品

如酸奶油、酪乳或凝乳，可以代替部分牛奶，也可以代替水。

哪些材料可以用

草木灰

中国特色食材，可将面包染成黑色，且口感上会发生明显的变化。

——

野蒜水

将100克野蒜和100毫升番茄高汤在搅拌机中打成细泥，然后用细筛过滤。

酪浆[⊖]

取200毫升代替牛奶。

——

辣椒水

将1~2个泰国红辣椒和100毫升番茄浓汤在搅拌机中打成细泥，然后用细筛过滤。

——

蔓越莓汁汤（日式高汤）

用来代替配方中的水，或代替部分牛奶。

——

醋

将200毫升醋和1小撮蔗糖煮至糖浆状，然后取代水。

——

茴香汁

将茴香榨汁，取1/3用1茶匙茴香子熬制，过滤后再和剩余2/3茴香汁混匀。

——

禽类高汤

用来代替水，或代替部分牛奶。

——

蔬菜汁

用来代替水，或代替部分牛奶。

——

蓝莓汁

用来代替水。

——

木炭油

要非常小心处理此产品，它很容易尝起来像机油。

⊖ 酪浆，牛奶制成黄油后剩余的液体，有酸味。

姜水

将1小块姜和100毫升番茄高汤打匀，或购买现成的姜泥，也可将其在番茄高汤中腌制1天，然后将所有食材过滤并添加到面包中。

胡萝卜汁

可以在面包中加入磨碎的胡萝卜，并在果汁中加入胡萝卜颗粒，以获得更浓郁的味道。胡萝卜和橙汁的混合物也不错。

樱桃汁

用来代替水，或代替部分牛奶。

椰奶和椰子水

用来代替水，或代替部分牛奶。

杏仁奶

用来代替水，或代替部分牛奶。

芒果泥

用来代替水，但最多只能用150毫升。

坚果油

用来代替黄油，根据使用的浇料选择合适的坚果油。

橄榄油

用来代替黄油，并将切碎的橄榄加入面团中。

橙汁

用来代替水，或代替部分牛奶。

红椒高汤

用来代替水，或代替部分牛奶。

红椒酱（塞尔维亚出产）

最多使用50克代替。

帕玛森芝士汤

用来代替水，或在土豆面包配方中至少使用200毫升。

百香果泥

用来代替水，最多100毫升。

百香果颗粒

碾碎并在面团中加入3汤匙。

香草酱（野蒜、罗勒、芝麻菜、欧芹等）

只能代替黄油使用。

欧芹水

将2~3把欧芹和100毫升番茄浓汤在搅拌机中打成细泥，然后用细筛过滤。

李子汁

用来代替水，或代替部分牛奶。

甜菜根颗粒

碾碎并在面团中加入3汤匙。

甜菜根汁

用来代替水，或代替部分牛奶。

紫甘蓝汁

将紫甘蓝与100毫升苹果汁在搅拌机中打成细泥，然后用细筛过滤。

酸菜汁

用来代替水，或代替部分牛奶。

芹菜汁

用来代替水，或代替部分牛奶。

乌贼墨汁

最多使用1~1.5茶匙。

芝麻酱

用来代替黄油。

培根油

最多使用1茶匙用于增加香味。

菠菜汁

用4汤匙菠菜汁代替水。

黑蒜

用100毫升番茄高汤和1汤匙黑蒜打成细泥，代替水或部分牛奶。

番茄高汤

用来代替水，或代替部分牛奶。

番茄糊

最多使用1~1.5茶匙。

凝乳

用100~150克凝乳代替水或牛奶。

洋葱汁

用100毫升番茄汤和2头洋葱打成细泥，快速打一下，用细筛过滤，用来代替水或部分牛奶。

面包的颜色

面包首先应该好吃，但也不妨在面包单调的米色与褐色中加入一些其他颜色。面包的颜色可以提升汉堡的水平，除了可以完善口味，还可以提升美感，带来一个惊艳的开始。

精致的汉堡会让朋友们赞叹不已，不过，如果能让汉堡的第一次亮相就引人注目，通常在上菜的时候大家就会安静下来，屏息期待。这时只能听到烤肉轻轻的嗞嗞声响。

朋友们会向你询问更多关于这种特殊的呈现和准备汉堡的方式，以便他们也能在下一次宴会中成为明星。

因此，为了改变面包的味道，而且让它们更加丰富多彩，我们在下面展示各种添加食材的方法。

液体的替换

如果想给面包上色，只需将食谱中的部分水替换成以下液体。并在温度160~165℃时，对已着色的面包进行10~12分钟的烘焙。

如果使用像红辣椒水这样的自制蔬菜汁，那么蔬菜越多，颜色越深。

如果把汁液熬得像糖浆一样浓，然后加入，颜色会变得更加鲜艳。然而，这不适用于叶绿素，如菠菜或欧芹叶子，它们会因为熬煮而变成灰色。

在添加藏红花和姜黄等香料时，建议先将它们在水中溶解。当然，添加的量越多，颜色就越鲜艳。但决定性的因素始终是味道。

黑色

乌贼墨汁
最多使用1~1.5茶匙，使用前与剩余的水混合。

草木灰
使用前必须先在水中煮沸，然后用细筛过滤。中国大多使用椰子灰或竹子灰。

红色

甜菜根颗粒
如果需要非常浓烈的粉红色，可使用4汤匙或更多。

甜菜根汁

辣椒高汤（273页）

芙蓉花
在使用前，将腌渍过的芙蓉花捣成细泥并过滤。

橙色

鲜橙汁
使用前煮沸。

新鲜胡萝卜汁
使用前煮沸。

紫色

紫甘蓝
榨汁并与少量柠檬或醋混合。将红洋葱榨汁。两者混合并过滤。

绿色

菠菜膜（275页）

香草汁
使用所需的香草与大量的绿叶蔬菜。欧芹叶的效果最理想，它不会那么快变色。

重要事项
如果用水、浓汤或果蔬汁将香草打成泥，一定要尽快在最短时间内打成泥，否则它们会在混合过程中发热变成棕色或灰色。

小建议
为了使面包变成漂亮的绿色，除了绿色的香草汁之外，还应该加入菠菜汁。

黄色

芒果泥
从液体中减去使用的量。

姜黄

藏红花

咖喱混合物
这里通常包含姜黄，使其呈现黄色。

干辣椒高汤（274页）
如有必要，使用前煮沸。

肉 类

肉类知识

——个汉堡包由一个肉饼和一个面包组成。肉饼是由碎肉制成的，这里的碎肉用的是牛肉。幸运的是，超市里有现成的碎牛肉卖。但是要注意：如果真的想享用完美的汉堡，应该避免使用真空密封包装的产品。

超市碎肉不是最好的选择

为什么？为了最大限度地降低成本，碎肉是在尽可能短的熟成时间后进行加工的，作为消费者，你不知道哪部分肉最终进入了绞肉机。事实上，不好卖的部位最终都会绞碎了卖。为了在加工过程中对大量的肉进行冷却，就会加入冰块，也就是说，这些肉被稀释了。当超市的碎肉放进锅里时，可以很清楚地看到这一点，肉里开始渗出水，体积缩小了30%~40%……

不过，它最大的缺点还是脂肪含量低。脂肪一方面是一个完美汉堡的风味载体，另一方面也可以保护肉饼不变干。出于对冠心病的畏惧，几年前欧洲形成了一种对脂肪的焦虑。过去祖母辈用来做肉汤的瘦肉，很长时间以来成了顶级的肉。然而，这种脂肪焦虑如今在科学上已经站不住脚了。而消费者对精致大理石花纹的渴望也正在慢慢回归。但是超市里的碎肉仍然只有5%~10%的脂肪。这种红色的肉看起来很好，但并不适合做美味多汁的汉堡。

那么该怎么办呢？最好当然是直接去买新鲜的肉，自己绞肉。多付出一些劳动，我们保证，这是值得的。

只要牛肉

传统上，汉堡中的肉饼是纯牛肉，没有鸡蛋，更不会有洋葱丁来帮助食材的黏合并提升风味。这就是为什么寻找最佳的牛肉产品如此重要。在下文中，我们对肉类进行一些解释，并说明应该注意些什么。

品种成就品质

在对牛肉中的肌肉部分进行比较，以寻找对于汉堡来说最佳的部位时，诸如味道和脂肪含量等属性相当重要。这块肉应具有良好的肉和脂肪的比例。但什么才是良好的？正确的味道又是如何产生的呢？

动物的品种是基础，在所有其他因素中起着主要作用。它对肉块大小、可能的脂肪含量，以及每部分肌肉的自然柔韧度具有决定性意义。在专门为肉类生产而培育的品种中，快速储存脂肪的特点有利于形成肉质鲜嫩的肌肉。以安格斯牛肉为例，在它的各种杂交品种加洛韦牛甚至美国和牛中，诸如上脑（Chuck Roll）、臀腰肉盖（Top Butt Cap）、顶部肩胛（Top Blade Roast）甚至2~5段的牛小排（Short Rib）等部位都是绝对值得推荐的。这些肉块非常嫩，味道无可比拟，而且脂肪丰富，像黄油一样在舌头上熔化。介于两者之间的是赫里福德（Rasse Hereford）、夏洛莱（Charolais）或利木赞（Limousin）品种的牛。这些品种的肉在味道方面很有可取之处，很多部位都非常嫩，但遗憾的是，往往缺少丰富的大理石纹路，不过这也可以通过不同部位的巧妙组合来实现。

德国牛肉

在德国的典型牛肉品种中，一些不适合做牛排或煎烤的肉，却格外适合做肉饼，如黑白花牛（Schwarzbunte）、西门塔尔牛（也称红花牛，Simmentaler）或瑞士棕牛（也称瑞士褐牛，Braunvieh）等品种，往往缺乏天然的嫩度和脂肪，因此也缺乏必要的多汁性。这是因为脂肪含量高对德国养殖者有负面影响——在德国屠宰场，肥肉仍被认为是劣质的，因此带来的收益较少。不过，这些品种中有很多也是为了肉奶两用而培育的，而不太重视肉类中的高脂肪含量。

牛的食物与牛肉口感

牛肉的另一个标准当然在于饲养。不，并不是所有的牛都只吃草！在牛的集约化养殖中，通常会喂食一种特殊的精料混合物，这种方法效率很高，但牛肉的味道却很令人失望。而纯粹用草或野菜喂养出来的牛肉，会有一种无可比拟的清爽口感。这样的牛肉呈深暗红色，散发着青草与草地的芬芳。这种非常优雅与清新的矿物香拥有很多粉丝。然而，由于草的能量相对较低，因而大理石花纹并不那么明显。

喂食高能量食物（如玉米或谷物）的牛通常会有更多大理石花纹的肉。食用这些高能量食物的牛会产生一种很香的味道，非常强烈，甚至略带甜味。肌肉中较高的含糖量也意味着烤制的肉饼会散发出美妙的烧烤香气。

肉中的坚果味与甜味和脂肪相结合，就会产生令人馋涎欲滴的鲜美味道。吃完几分钟后，余味还萦绕在舌尖。这类肉就好比富含脂肪的果酱红酒，还有着丰富的肌肉。

繁殖和年龄

在寻找最佳牛肉时还要考虑的一点是动物的年龄。这对肉的嫩度和多汁性有着重要影响。一般来说，人们往往会为了能尽快宰杀养殖的动物，会把它们快速喂肥。牛应至少在牧场上生长20个月，甚至更长时间。根据品种的不同，缓慢的生长也可以让脂肪在肉里面而不是在肉上面。正是这种肌肉内的脂肪，会使汉堡变得多汁可口，更加美味。人们还可以再对动物的公母做一下区分，小母牛储存脂肪的速度比小公牛更快一些。而犍牛（阉割过的牛）储存的脂肪比公牛多。

熟成检查

寻求最佳口感和理想质感的最后一个重要点是熟成的类型。肉类应在屠宰后熟成，使其变得柔软和芳香。

肉的熟成可以粗略地区分为干式熟成与湿式熟成两种，即分别在空气中熟成与在真空中熟成。在真空袋中熟成的肉是最常见的。传统的空气中熟成的方法由来已久，也更为耗时，幸运的是这种方法再次被人们频繁使用了。肉熟成时，肌肉中的结缔组织被酶分解，肉质会变得软嫩。在这一点上，两种方法是一致的。然而，在熟成过程中，肉的味道和持水能力也会发生变化。这就是其有趣之处！

在真空中熟成的肉，酶的作用与干式熟成制品中的一样，努力分解结缔组织，但真空袋可以防止风干脱水。由于乳酸菌产生的酸，真空储存过程中产生的熟成香气被认为是酸的。这里建议密切关注屠宰日期，检查真空袋中是否形成了小的气泡。在空气中熟成的肉则会得益于自然风干过程。干式熟成时，肉块会失去25%~30%的水，这也使得肉的价格更高一些。但是这样熟成的肉本身天然的风味更浓郁，肉质变成褐色，颜色更为均匀。

不过要注意的是，干式熟成并不是时间越长越好——尤其对于汉堡而言。在一定程度的熟成之后，水分的流失不利于肉饼的多汁性，因而也会牺牲肉饼的质地。一般来说，在加工干式熟成肉时应考虑卫生和温度问题；病菌和细菌很容易在肉表面滋生。

一家来自瑞士的公司提供了一种特殊的干式熟成的方法。独特的熟化过程利用了特殊的贵腐霉菌的积极特性。将真菌从外面涂在肉（牛肉和猪肉）上，然后储存在特殊的熟成室里，使真菌在肉里生长。这种熟成方法不仅使肉质更加细嫩，而且根据品种和饲养情况创造出各种独特的风味。经过至少3周的熟成期后，外层被去除，肉在视觉上与常规熟成的肉没区别。但这种方法因熟成造成的损失比经典的干式熟成还要多，但付出的代价是值得的！

永远适用

原则上，不要用养殖场批量养殖出来的肉。即使买质量更佳的肉需要花更多的钱，但每一分钱都是物有所值的，带来的回报是最好的质量和美味体验。

各部位牛肉混合

现在我们知道在选择合适的肉时要注意什么了。我们面临的问题是：应该用哪个部位的牛肉？或者混合不同部位的牛肉是否有意义？

不同部位的肉有不同的纤维结构、成分或脂肪含量及最终产生的风味。我们会将与汉堡有关的肉类分成特定的组，以期为你提供一点帮助。

秘密提示：前躯

首先是前躯。在这个部位，我们可以发现一些特别适合制作美味汉堡的肉。这里的肉有一种强烈但令人愉悦的坚果味——嫩度及脂肪含量都非常合适！这个部分包括颈部（上脑）、肩部（顶部肩胛），去除掉筋之后，还有牛胸肉。不同饲养方式和品种之间的质量差异在牛胸肉上体现得尤为明显。如弗莱维赫牛（Fleckvieh）或黑白花牛的牛胸肉不够多汁，无法制作完美的汉堡。

美味肉质

后臀部的肉质鲜美，如上腰肉（西冷）、臀腰肉盖和内大腿肉。肉质芳香，但脂肪含量并不一定够高，所以需要将其与较肥部位的肉混合，从而获得合适的脂肪含量（20%~30%是理想的）。要制作出吸引人的肉饼，这些肉是很好的搭档。如果脂肪含量不

够的话，烹至七八分熟时，肉饼就会变得紧密坚硬，非常易碎。

优质牛排部位

肋眼排、菲力牛排等所谓的贵族牛排也非常适合制作美味的肉饼。许多人对把一块优质的牛排做成肉饼持保留态度。然而，一块美味的上等肋排可以成为一个真正美味的汉堡的起点。背部的肌肉通常有一种美妙的甜味，非常柔软，同时也有着足够充分的大理石纹。顺便说一下，肋眼排的肉与脂肪比例为4∶1（即20%的脂肪含量）。不过，没有必要为这些广受欢迎的牛排部位付出高价。也可以用较实惠的前躯部分的肉来达到更为经济但同样美味的效果。

特殊部位

最后一组吸引人的肌肉是一些特殊部位，如裙肉（腰窝肉），或牛腰肉（onglet），即所谓的悬挂牛排，还有牛小排。然而，在品种和饲养方面，还需要区分优劣。

加工这些肉块，会带来独特的浓郁风味和脂肪。但要注意的是，其中一些肌肉被归为内脏，所以根据品种和年龄的不同，可能会出现让人联想到肝脏或野味的难闻的味道。关键是要尝试，找到最爱。

混合的作用

如果只用牛小排、牛胸肉甚至肩部的肉去制作汉堡，会做出非常棒的肉饼。你能够辨别该部位的具体特征，品尝各自的细微差别。然而，从烹饪的角度来看，如果用各个部位的肉加工成混合物，会非常有趣，类似于葡萄酒中的特酿。通过这种方式，可以有针对性地增加脂肪含量、增加不同的肉质，或制成更松散的结构。

如果以脂肪为目标

当然，要想在街角的肉店买到适合的牛颈肉、牛胸肉和牛肩肉并不容易，更何况这样就要买相当数量的肉。但无论如何，都要尽量想办法确认，买的肉其脂肪含量至少要有20%。

上脑心（Chuckeyeroll）

该部位切割形状很窄，顺着肋眼向头颈部延伸。在我们看来，这是一块完美的汉堡用肉部位，原因有三：肌内大理石纹含量高，肉中脂肪含量完美；肉质一致性好；牛肉味道极佳。

上肩胛心（Clodheart）

这是前躯部位中相当瘦的一块，经常用于烤肉。对于汉堡来说，最好使用整个上肩胛肉，这样可以得到最低所需的20%的脂肪比例。在剁碎之前需要先去除一些筋腱。

臀腰肉盖（Top-Butt-Cap）

如果是优质的育肥阉牛或母牛，那么这一部位就会有相当好的大理石纹。肉盖脂肪丰富、柔软，品质上乘。

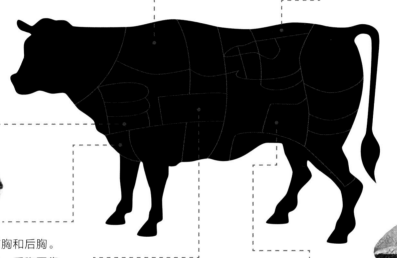

胸肉（Brust）

胸肉分整个胸肉、前胸和后胸。前胸在前腿的正后方，后胸更靠近动物的中间部分。应该当场检查脂肪含量，但一般来说脂肪含量会很高，在汉堡用肉中应该用另一种部位的肉来平衡——如上肩胛心。

牛小排（Rib-Short-Rib）

这个部位位于肋骨中间的肋眼排下方。最好买无骨的，除非想自己去骨。肉质很脆，脂肪含量很高，适合做汉堡包。

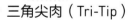

三角尖肉（Tri-Tip）

此处的肉也叫三角牛排、嫩角尖牛排。具有特别多的肌内大理石花纹（脂肪含量）。在脂肪覆盖下有时会有结缔组织。结缔组织非常坚韧，要去除。

从肉到肉饼

结构化口感

在制作肉饼时，除了口感和多汁性外，一致性也极为重要。如果肉饼做得太结实了，可能最多得到一个疲惫的微笑和一句评论："你做的肉饼真是太棒了！"

如果肉饼做得太松，甚至会散开，吃起来就很麻烦，甚至一不小心还可能会把衣服弄脏，或者被要求提供餐具——这可太教人尴尬了。不过，肉饼必须是松软的，几乎是蓬松的，但又要有结实的肉质结构。肉和脂肪必须像刚恋爱的情侣一样粘在一起，以便稍后在口中释放出其中的汁液。

设备

基本上，祖传的老式绞肉机和两个碗就能绞肉，但如果真的想做这件事，应该迈出一步，买一个小巧但功能强大的电动绞肉机。通常情况下会包括不同尺寸的出肉孔盘。从逻辑上讲，肉馅绞得越粗，肉饼就越粗糙。带有揉面钩的料理机可以将蛋白从肉中揉出来，即所谓的滚揉。

还需要几个较大的碗和金属托盘，金属托盘导热性和卫生方面比塑料托盘好得多。

绞切

为了确保绞肉机尽可能快地绞肉，建议将肉顺着纹理切成4厘米×15厘米的长条（取决于绞肉机的开口大小）。将肉条铺在一个小托盘或盘子上，然后放入冰箱冷藏20分钟。之后将它们揉捏一段时间，将肉中所含的蛋白质揉出来，这样肉饼在不需要额外添加奶粉或蛋白质的情况下就可以很好地黏合。这个工作可以在带有揉面钩的料理机中轻松完成，或者在坐于冰水中的碗里手动完成。应该始终注意温度，确保肉不会太热；如果不确定，最好将其放回冰箱。当肉的光泽从鲜亮变成亚光时，可以判断蛋白质揉出来了。这种情况下，就可以用绞肉机了。

出肉孔盘的尺寸对肉饼的颗粒大小具有决定性作用，对于嫩肉，建议使用较粗的孔盘（4号或5号），对于较紧实的肉质，则建议使用较细的孔盘（3号）。如果想做精细的肉糜，一定要先用粗盘，然后再用细盘，然后就立即塑造成型。

手工成型

如果足够细心的话，可以通过手工制作出漂亮松软的肉饼。用秤或汤勺来确定克重，然后开始做肉饼。要是肉粘在手上，可以用一点水稍微湿润一下——只要一点点——然后继续手工制作的快乐。用慕斯圈是一个特别简单可靠的方法。将称好的肉填入圈中，轻轻按压——完美的肉饼就做好了。不论是做10个还是做100个都一样……

赫斯顿·布鲁门塔尔法

英国顶级厨师赫斯顿·布鲁门塔尔（Heston Blumenthal）（自学成才，米其林三星级大厨），在追求最佳效果方面更进一步。他把肉绞切后，直接在绞肉机旁边将其接上，让肉不"断"，保持成一整块，并把肉顺着纹理方向铺成长条状。然后小心地把它纵向放在一块铺有保鲜膜的金属板上。接着，将肉馅紧紧地卷在保鲜膜中，放入冰箱冷藏使其黏合。

最后，切下一块漂亮的厚厚的肉饼，这样就行了。我们试过这种方法，建议至少两个人参与。只要稍加练习，并将其设置为较粗的颗粒度就可以了。所有的细节可以在《追求完美》（In Searchof Perfection）这本可读性很强的书里找到。

保持形状

为了防止肉饼在煎炸过程中变形或变成椭圆形，可以用拇指在其中心压一个小凹陷。

尺寸很重要

肉饼的尺寸和重量有很多选择，从50克左右的小块到1/4磅（约113克）不等。酒会提供的小食点心里也可以用25克的肉饼。

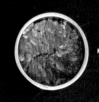

25克

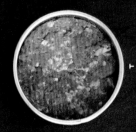

50克

100克

150克

220克

1 准备
准备好原料和设备。

2 绞肉机
确保绞肉机的所有部件干净卫生，没有生锈。还要确保刀片装配正确，能够沿运转方向切割。

3 肉的分割
将切好的肉沿着纹理方向切成4厘米×15厘米的条状，冷藏约20分钟。

4 合理滚揉
为了提高黏合度，在绞肉之前先将肉放入料理机中滚揉一下。

5 绞肉
迅速将所有肉放入绞肉机，绞好后盖上盖子冷藏备用。

6 准备做肉饼
准备所有材料和料理机。

7 肉馅

将所有材料冷藏后放入料理机中，略加调味。在不断搅拌的同时逐渐加入奶油搅拌均匀。当肉变得平滑、有光泽并且具有蓬松感时，肉馅就制作好了。

8 形状很重要

取所需的量并用慕斯圈塑造形状。

9 用汉堡肉饼机塑形

使用汉堡肉饼机可以将肉压成所需的形状。

10 手工塑形

也可以用手把称好的肉馅捏成球形，然后再做成肉饼。

11 添加馅料

用汉堡肉饼机可以将肉饼塑形和添加馅料。

12 用拇指按压

用拇指在肉饼的中心压出一个凹痕，可以防止肉在高温煎炸或烧烤过程中变形。

13 分量较多时的处理方法

如果有很多客人：准备好所需数量的肉饼，放在涂过油的烤盘上，用保鲜膜盖住，放入预热好的烤箱中以55~58℃预烤20~30分钟。然后用喷火枪灼烧、煎炸或烘烤。

14 手工切肉的艺术

先逆着纹理将肉切片，再切细条，然后切丁。

15 制成肉饼

沿着纹理方向绞切肉，用保鲜膜将肉肠按所需的直径紧紧裹住。连着保鲜膜将肉肠切成任意厚度的片状。煎炸前要去掉保鲜膜。让受热表面积最大化，使肉饼尽可能外酥里嫩。

肉类知识探究

下面是关于肉类和肉类加工的所有问题的答案。

肉的纤维对汉堡包有什么意义

肌肉和结缔组织是由纤维状蛋白质组成的。纤维状蛋白质有不同的长度。在侧腹牛排中，只要没有被密集的大理石花纹打断，纤维能延伸到肉的整个宽度，里脊肉中的纤维也很长，如美国牛肉或和牛。长纤维不容易咀嚼，尤其是当肉变干的时候（由于过度烹饪）。在汉堡用的碎肉中，肌肉本来的纤维长度基本没影响。肉被绞碎后的最长纤维长度大约与所用的孔盘的直径一致。只要煎烤得当，口感不是问题。

但是，如果在混合料中加入有纹理的、富含胶原蛋白的肉块，在绞肉时就需要使用直径更小的孔盘。在通常的煎烤温度（核心温度58℃）和必要的煎炸/烧烤时间（时间5分钟）下，结缔组织胶原蛋白没有机会变性为明胶。因此，必须将较硬的胶原蛋白肉块融入咀嚼过程中形成的食糜中，这样它们才能被顺利吞咽。因此，加入了相当比例的有大理石纹的、富含胶原蛋白的混合肉料，用较小的孔盘（2.5-3毫米）是比较合适的。

不过，使用较小的孔盘也就意味着更大的表面和更小的颗粒。这反过来又意味着肌肉颗粒的结合度更高，因此弹性更好。

方法决定结果：将切碎后的混合肉料用2.5毫米的孔盘绞肉，其整体结合力高于绞后再混合的肉，如用8毫米的孔盘绞肌肉，用2.5或3毫米的孔盘绞富含胶原蛋白的肉，绞完后再进行混合。这样的方法可以优化口感。

滚揉过程中发生了什么

滚揉过程中，肉料被滚动和"按摩"。目的是通过机械运动对生肉进行温和的敲打，使结缔组织和肌肉纤维松动，使肉质更加嫩滑。为此有专门的机器（滚揉机），肉在滚筒中高速翻动，就像洗衣机一样。在这个过程中，可以加入腌料或干调味品，如盐和糖。某些情况下还可以在真空条件下进行滚揉。

在家庭中，这个过程只能通过用面团钩加工（滚揉）完成。虽然效果不能与专业的滚揉相提并论，但也能使结缔组织略微松动。

由于结缔组织的松动，蛋白质从肉中逸出，与水的结合能力增强。这些"暴露"的蛋白质也确保了预先滚揉的肉在绞碎后能更好地黏合。肉的颗粒具有更高的黏合度，与水的结合能力增强，煎出的肉饼因此变得更为柔嫩多汁。

——

在切割、绞切和绞碎过程中会发生什么，应该注意什么

要把肉变成汉堡，必须将肉进行切削、绞切，或在必要时绞碎。这几个不同类型的切碎类型存在一些差异，这些差异对黏合度和最终的口感具有物理影响。

1. 用刀切割时会发生什么

用锋利的刀切割后，如经典的塔塔尔菜，肉块仍然相对较大，这意味着颗粒的表面是光滑的，不会受到太多"机械"影响。在肉块内，肌肉结构或肉的结构基本保持原样，而口感则由肉块的体积决定。光滑的表面具有较差的黏性，颗粒的结合力也就相当一般，因此由切割的肉制成的汉堡比较容易散架。

2. 绞切过程中会发生什么

绞切是制作汉堡肉饼最常见的方法。颗粒大小由使用的圆盘和孔的直径决定。绞切的决定性优势是对肉的表面结构干预更强，结构更不规则，更粗糙，口感随之更加完美。如上所述，使用哪种盘片一方面取决于肉的部位本身，另一方面也取决于个人的口味。我们推荐使用5孔圆盘作为全能工具，特别适用于胶原蛋白含量低的部位。相应地，富含胶原蛋白的肉可以用较小的圆盘绞切，然后将肉料混合搅匀。在揉捏过程中，颗粒之间也因此有多次接触的机会，所以颗粒之间的黏附效果比切割出来的肉要好。绞切还有微观效果：蛋白质往往从不规则切割的表面突出，并能相互结合，从而起到黏合胶的作用。此外，绞切不会像绞碎那样温度升高——温度会在0~8℃——因此在绞切过程中，颗粒之间不会过早地结合。

3. 绞碎过程中会发生什么

由于绞碎过程中更高的转速产生的热量，所以需要不断地冷却，这样肉才不会部分提前变性，因此，制作香肠肉要加冰。但是对于汉堡来说，不能加冰，所以建议在绞肉之前将肉冷冻。

绞肉的时间也不能太短，否则绞出的肉颗粒大小会非常不均匀——大的大，小的小。

肉 饼

肉饼知识

很少有像肉饼和面包的结合这样美妙的食物。具体的比例是：肉饼的厚度应与两半面包加起来一样厚。

完美的比例

行家喜欢说面包与肉饼的比例是1:1。为什么？这是一个理想的比例，这样每吃一口，面包、肉和配菜的分量都完全相同。

可以在直径和重量这两个维度上充分发挥。重量相同，直径可以不同，反之亦然。不过归根结底，我们只是推荐——选择尺寸时重要的还是自己的口味。

尺寸很重要

对于本书的食谱，选择的是最适合我们口味的尺寸，我们也将肉饼直径与各自的面包相匹配，所以在制作时最好按照顺序操作。首先，烘烤面包，以获取肉饼直径的大致数值。为了获得广告中的完美的汉堡外观，同时也为了获得一致性，煎烤后的肉饼最好

与面包的直径完全相同。最好的办法是做肉饼时在旁边放一个面包，这样就有了一个完美的参考。

肉饼收缩

选择多少重量的肉饼完全取决于个人，但大小要与面包相匹配。而且要注意：生肉饼的直径要多加几厘米，因为肉饼在煎炸或烤制的过程中大小会变。烹饪损失的程度取决于：

肉饼的脂肪含量
更多的脂肪=更高的煎炸损失。

肉的质量
超市碎肉会缩水。

煎炸或烧烤过程的持续时间和温度
因此，煎炸或烤制一块肉饼进行测试还是值得的。最好是做通常的口味。应该在没有人看到的情况下进行，否则可能不得不与人分享……在开始之前，其他的一切——面包、配菜、酱汁、培根等应该都已经准备好。没有人喜欢冷的汉堡。汉堡肉饼的煎烤实际上只是最后一步。

2分钟

在平底锅中煎肉饼几乎不需要加油，因为所需的脂肪几乎都包含在肉里。不过，锅还是应该要热好，如果锅不够热，肉饼在形成烤肉味之前就已经被烤熟。没有人喜欢变干了的色泽暗淡的肉饼。热油煎炸还会产生美妙的烤肉香味。通常所说的2分钟时间煎出切面呈现完美粉红色的肉排，取决于锅（铸铁或铝锅）和热源的强度。这里，如前所述，建议加入测试肉饼环节并记录需要的时间。

注意：如果一次把4个冷藏过的肉饼放入铝锅中，那么肉饼更像在炖煮而非煎炸。另一方面，铸铁锅可以更好地保持温度，为肉饼提供的热量更加稳定。即使是烧烤，也可以毫不犹豫地将脂肪含量为20%的肉饼放在烤架上。如果脂肪含量明显较低，则可以预先给网格上油。烤架也可以开最大火力。1分钟后，建议将肉饼旋转90度，这样可以呈现出漂亮的方格图案，更重要的是，会散发出更多的烤肉香味。根据所需的熟度，第二面要烤或炸同样的时间。

熟度

熟度：全生
内部温度：20℃
德文：roh
英文：raw
法文：cru

熟度：生嫩带血
内部温度：最高45℃
德文：blutig
英文：rare
法文：saignant

熟度：三分熟
内部温度：最高55℃
德文：englisch
英文：medium rare
法文：medium

熟度：五分熟
内部温度：56~61℃
德文：rosa
英文：medium
法文：anglais

熟度：七分熟
内部温度：61~68℃
德文：halbrosa
英文：medium well
法文：à point

熟度：全熟
内部温度：>68℃
德文：durch（gebraten）
英文：well done
法文：bien cuit

汉堡必备：盐

在第一次翻转之后，肉饼烤过的一面要撒上胡椒粉（根据口味），而且不管怎样，盐一定要舍得撒。不过，遗憾的是，哪怕是不错的汉堡店，也经常发生盐加得太少或根本不加盐的情况。结果就是做出来的汉堡平淡无奇，酱汁似乎占据了主导地位。

Pat LaFrieda（美国高端肉类品牌）的专业建议

Pat LaFrieda建议在家庭聚会时，不要将所有肉饼同时放在烤架上，应该错开。经验表明，人们会有不同程度的熟度的需求。这就意味着，要全熟的肉饼应该先放上去烤，而那些要五分熟的则要晚一些放。这样，最后所有肉饼同时烤好。只要稍加练习或提前计划，这个简单的技巧不仅可以让每个人都能满意，而且也可以减少烤肉师的压力。

真空低温烹调法

如果以上做法对你来说过于紧张和复杂，真空低温烹调法（在真空下烹饪）肯定适合你。可以把肉饼放在真空烹饪袋中以51℃预煮30~45分钟。随后再热炒或烧烤。

加热

有些人偏爱使用祖母的铸铁锅，锅里的肉饼在自带的牛油里嗞嗞作响，而另一些人则坚持用热的铸铁烤架，最好用大量木炭把炉子架起来加热。无论用炉灶还是露天厨房，为了获得最佳效果，在开始准备做汉堡时，有一些关键细节要注意。

多汁烹饪

要特别注意肉的温度，尽可能长时间地将肉放在冰箱里。碎肉的结构不仅使细菌容易在肉上滋生，而且太温热的肉饼烹制后会变得很油腻。肉的柔软多汁的口感会迅速丧失，肉汁和油脂滴入烤架，在炭火中燃烧殆尽——结果会是一个灾难，而不是完美的汉堡。这样做改变的不仅是外观，还有味道，而且通常是负面的改变。

平底锅

在平底锅中煎炸时，要使用厚重的锅具，厚重的平底锅能更好地保持温度，从而防止放入肉饼后平底锅冷却得过快，碎肉是煮熟的而不是煎熟的，肉汁会漏出来，肉饼外层的松脆感也没有了。铝制平底锅中加入冷的肉饼时，冷却得会更明显。

在任何情况下，锅都应该适当预热，不用放油。当平底锅吸收热量并散发均匀后，炉灶上的温度可以稍微降低一些。如果是含有大量脂肪的混合肉饼，可以将成型的肉饼放入锅中，无须再加油脂。

温度降低

另外，要小心不要往锅里放入太多肉饼，这会导致温度迅速下降，从而变成了煮肉饼，而不是煎炸。务必避免这种情况，因为煎炸能产生美妙的烤肉味道。不过，锅也不要太热让肉煎炸得太快——悲喜往往在一瞬间。

应调节火力，使肉饼能够吸收锅内的温度而不至于烧焦，慢慢地，热量由外部边缘传递到内部，使肉饼煎熟。每面均匀地煎1~2分钟，要注意其内部温度。为此，可以使用肉类温度计。

如果愿意，也可以把翻面当作一项运动，为了达到最佳效果，当然也要让热量均匀分布，可以每隔15秒翻面一次。

余温煨热

根据热源的强度，一般来说，要考虑到把肉从热源中取出后，肉仍会继续加热5~10℃。

冒烟点

顺便说一下，瘦肉饼用牛油煎味道会很好。如果想尝试，应该在低温下操作，否则锅里的油会开始冒烟，产生很苦的异味。

就烟点高和出色的煎炸稳定性而言，建议使用葡萄籽油、花生油及葵花子油等，当然还有无水黄油。炼制的牛肉脂肪与澄清黄油混合在一起，具有出色的油煎特性和诱人的香气。一定要尝试一下……

日本不同的煎炸方式

在烤架或铁板上，200~220℃的温度绝对足够，温度过高通常只会使肉饼烧焦，很快把铁板弄脏。这取决于铁板的材料，与平底锅类似。如果铁板上放得太满而没有达到合适的温度，只会得到一个煮熟的"煮肉饼"而不是烤肉饼。

在芝士罩下加速升温

在需要快速产生蒸汽的时候，如因为内部温度尚未达到，那么芝士罩或盖子能加速产生蒸汽。肉的蒸汽上升并积聚在芝士罩或盖子下面。这样可以更好地传递温度，从而加快烹饪速度。用几滴水，或者用调味汁或各种烈酒，如威士忌，可以让进度更快一些。

户外烹饪

用炭还是燃气？这个问题曾让多年的友谊走到尽头，并在很多安逸舒适的烧烤聚会上引发了疯狂讨论。如果不那么精确区分的话，两组烧烤爱好者的分歧之处只在于它们使用是否便利，以及对某种活动的偏好（生活、喝啤酒等行为）。但说实话：两者都是等烤架热了再去烧烤——无论用木炭还是燃气。用木炭的温度要高一点……只要做得好，味道上几乎没有什么区别。

木炭还是煤砖

比较木炭和煤砖，不得不说，由于木材的多孔结构，木炭燃烧得更热，也更干净。氧气可以加速木炭的燃烧，产生高达1200℃的温度，这是煤砖无法达到的。煤砖由压缩的煤粉组成，由于是加压形成的，煤砖接触氧气面积较小，但因此燃烧的时间更长。

温度达到之后，只能通过调节空气供应和调整烤架格栅来影响肉饼烤制的速度。但是，通过关闭空气来调低温度时，必须要对其延迟性有所准备，并及早做出反应。这里就可以看出：除了准备工作简单之外，燃气烧烤炉的第二个优点，即可以非常轻松地调节温度，只要稍加练习就可以了。至于热度问题，平心而论，在这方面燃气烧烤炉不是特别令人满意。

Sizzel-Zone品牌红外线烧烤炉

红外线烧烤炉很容易达到700~800℃的温度，可以很快获得强烈的烤肉香味，但也必须非常小心……总的来说，始终应该注意不要让油脂滴在炭火或烧烤炉上引起火焰，冒烟太多会导致苦味，也是不健康的。

要在烤架上成功烹饪，就像其他所有事情一样，也是一个时机和实践的问题。无论是陶瓷、不锈钢还是铸铁的烤架——都必须掌握好温度，以免肉中的蛋白质粘在上面。就像在平底锅里一样，肉饼必须吸收热量，然后将其传递到内部。就烤架而言，这是炭火或烧烤炉的热辐射在起作用，但也会通过烤架传递热量。内部温度会随着褐变的程度而升高。顺便说一下，盖子上显示的温度与烤架上的实际热度并不一致。

Beefer品牌800℃红外线烤炉

Beefer烧烤炉升温很快，而且温度高得惊人。燃气烤架能产生超过800℃的极端辐射热。Beefer烤架有一个特点，热量是从上方传来的，要烤的食物可以放在距离热源几毫米处。肉被快速"冲击性烧烤"，表皮在短时间内就能烤制完美，而热量在这个过程中还来不及把肉烤过头。为了适应各种情况，烤架的高度是可以调节的。如果烤得太快，就把肉饼离热源远一点；如果想加快烤制过程，只需再次调高火力。极高的温度形成了独特的脆皮。滴落的肉汁被收集到烧烤托盘中，可以与蔬菜和香料一起加工成美味的酱汁。从上方加热的另一个好处

是：滴落的油脂和宝贵的肉汁不会引起明火，油脂燃烧和冒烟的情况在这里根本不可能出现。从点火到达到烤架最高温度最多需要5分钟；如果可能，不应同时对烤架进行预热。

香味之舞

肉的表面很快会有一些油脂冒出来，肉几乎是在自身的脂肪里煎炸。由此产生的味道与普通烤架完全不同，无论木炭的还是燃气的。凭借目测就可以不假思索地进行烧烤，只需始终注意内部温度，然后将肉稍放一放，或直接在面包和正餐之间享用！

间接烤制

加盖的烹饪方法几乎不会出错，注意盖子要盖好。使用这种技术，必须把烤架看成一个对流烤箱。燃气或木炭在烤架的一侧燃烧产生热量，使烹饪室急剧加热。热量和废气在烤架中形成热流。将肉饼放置在没有火的一侧（间接）。如果把肉饼烤成棕色，烹饪室的温度应在250~350℃，如果时间很宽裕，则应在130~200℃。为了增加烟熏味，可以在炭火或火箱中加入浸湿的木屑。这种烹饪方法当然是所有方法中花费时间最长的，但它也非常安全。

煎肉饼

1 盐的问题

下图左边的肉饼在油炸前没有加盐，质地松软易碎。右边的肉饼是预先腌制过的，烤制后变得致密、结实。

2 煎炸肉饼

为了获得终极的口感享受，在平底锅或烤架上烹制肉饼。

3 煎炸"粉碎汉堡"

"粉碎汉堡"表面煎炸有均匀的"焦层"。将肉馅球压成肉饼，煎炸至焦脆，表面有香脆的壳。

4 木炭炭火

用木炭炭火烤架，肉饼会有典型的烤肉香味。

5 燃气加速

用燃气烤架，速度更快。

6 完美高温

Beefer烧烤炉的800℃高温会带来完美的快速烧烤乐趣。

7 盐和胡椒碎

煎炸或烧烤后，不要忘记给肉饼撒盐和胡椒碎。

8 注意液体流失

在烧烤或煎炸时不要压肉饼，否则会使肉的汁水流失过多，肉饼会变干。

9 内部温度

内部温度的测量有助于肉饼达到完美的烹饪温度。

10 芝士罩

有了芝士罩，肉饼上的芝士就能很容易熔化。

11 真空低温烹调法—完美的烹饪温度

要在真空下烹饪，需要将肉饼放在一个涂了油的环形模具中，完全真空密封，然后在52℃下烹饪20~30分钟（取决于厚度）。烹饪完成的肉饼用Beefer或Sizzel-Zone红外线烤架进行短时间的高温烤制，使肉饼外皮变脆，然后调味。

12 组装

将汉堡组装，最好是现做现组装，这样食用时温度适宜。

13 先吃为敬

直接现场享用汉堡包。

14 啤酒

一定要确保有足够的完美调和的啤酒，还要邀请足够多的朋友。

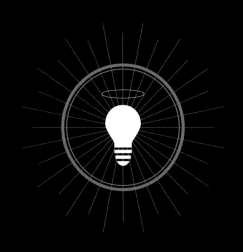

肉饼知识探究

下面将找到关肉饼的所有问题的答案。

为什么要使用脱脂奶粉

脱脂奶粉在美国常用来黏合肉饼。脱脂奶粉就是完全脱去脂肪的奶粉，也就是说脂肪含量为零。生产这种产品，需将牛奶完全脱脂，剩下的牛奶只含有乳清蛋白和酪蛋白、乳糖和矿物质，再喷雾干燥。在这个过程中，除去了大部分水，只剩下2.5%~5%的含水量。因此，奶粉无须冷藏即可长期保存。然而，低残留的水分对汉堡很重要，因为蛋白质分子仍有轻微的活动性，与肉混合时可以结合并吸收其中的水分，即肉汁。奶粉因此被肉汁"重新水化"。揉捏肉饼时，牛奶

蛋白的特性被重新激活，然后就可以作为肉粒的黏合剂。其原理类似于家庭制作肉丸或肉饼的程序。除了面包之外，还经常掺入鸡蛋，这也可以增加团块的结合力。

添加脱脂奶粉的优点

1 与肉饼来自同一物种，牛。
2 由于水分含量低，因而能结合肉汁，改善质地，使肉饼更"酥脆"。

添加脱脂奶粉的缺点

1 添加了奶香和甜味。
2 由于添加了乳糖，肉饼的味道发生了变化。

结论：可以将其加入到碎肉中，但不一定非要这样做。

如何实现完美口感

归根结底，这是个人口味的问题。然而，感官特性或口感在很大程度上取决于肉饼的结构。这种结构，夸张地说"介于"两个极端之间，即一整块肉和绞得细碎的肉泥。因此，一个关键参数就是"绞碎程度"，即颗粒大小或绞肉过程中用的孔盘。一整块肉的颗粒度极大（绞碎程度为零），肉泥的颗粒度极其微小，绞碎程度非常高。居于中间的则是用于做肉丸子和酥脆肉饼的碎肉。这些肉的口感完全不同。

1. 绞碎后的颗粒大小有什么影响

除了黏合度之外，颗粒大小还决定了肉饼在口中被咀嚼和碾压时，在舌

头和上颚之间是如何碎裂的。颗粒之间的黏合处是"预定的断点"。一个较为松散的肉饼首先会沿着肉块断裂，然后肉块被咬碎。这些颗粒很大（绞碎程度低）的用刀切的块，在这个过程中，肉的特性就会明显地显现出来。

如果绞碎程度较高，颗粒较小，碎肉的咬合特性变得不那么重要，而肉的整体较大的表面积占主导地位。肉的味道是通过表面释放出来的，需要咀嚼的次数也更少。

2. 肉饼的黏合力在感官上的意义是什么

颗粒之间的黏合力决定了肉饼的弹性，这也与绞碎程度有关。绞碎过程导致表面积大大增加，较高的绞碎程度使肉的颗粒之间相应产生了大量的接触机会。颗粒可以通过存在于表面的近乎"暴露"的蛋白质结合。这样可以形成良好的黏合力，从而获得更高的弹性。绞碎程度越高弹性越明显。肉泥那种程度的肉是汉堡的禁忌。

3. 碎肉中脂肪的作用是什么

脂肪是一种质地改善剂，可显著增强口感的张力和香味。一方面，它能溶解各种不溶于水的香味（通俗地说：脂肪是味道的载体），这些香味在咀嚼的时候释放出来，增加了愉悦感。不过，脂肪也是一种"弹性抑制剂"，因为肉类中很大一部分肌肉蛋

白都会避开脂肪，包括肌球蛋白（除了它的头部），这是一种即使在低温下也会变性的肌肉蛋白。当肌球蛋白处于水性即肉汁的环境中时，分子在48~50℃的温度下已经开始形成弹性网络。脂肪是肌球蛋白的敌人，网络结合力会大大降低，肉饼仍然很"易碎"。顺便说一句，脂肪也会使口腔中的摩擦力发生变化，有利于改善汉堡的味道。没有什么比用纯瘦肉制成的干肉饼更糟糕的了。这就是为什么我们建议碎肉中至少要含有20%脂肪的原因。在58℃左右的温度下，通过肌球蛋白形成的网络已经完成，大部分油脂（主要是肥肉）被熔化。

4. 结缔组织的意义是什么

结缔组织在生肉中以白色的非脂肪的蛋白质形式存在，只有在长时间烘烤、炖煮或烹饪后转化为明胶时才会变得透明。它们可以增加炖肉、红烧肉、炖颊肉或炖牛腿切片的多汁性，因为其具有较高的保水能力。在"生的状态"下，它们是很硬的，几乎无法咀嚼。只要保持较小的颗粒大小，一定量的结缔组织不会对碎肉造成损害，也不会影响口感。

5. 煎炸中的温度曲线对味道有什么影响

烹饪温度决定了肉饼的质地和味道。蛋白质会随着温度的变化而变性，由热的煎炸表面向内缓慢进行。首

先，肌球蛋白发生变化，在温度高于48~58℃的地方形成第一次结合。在60℃左右，溶解在肉汁中的肌浆蛋白会结合。它们形成一个类似于蛋清的网络，但从65℃开始会变得非常坚韧。超过60℃时，结缔组织会收缩，与水的结合力明显下降，肉汁从肉颗粒的肌肉部分被挤出，肉饼开始变干。肌动蛋白只有在温度超过70℃时才会变性，所以不应该让其达到这个程度，即使是核心部分结缔组织含量低的肉饼。

6. 用真空低温烹调法预煮有什么效果

使用真空低温烹调法，可以精确控制烹饪温度，但在抽真空时强大的负压还会产生另外的效果。绞碎的程度越高，即颗粒越小，肉颗粒中逸出的肉汁就越多。逸出的肉汁在烹饪过程中有两个作用：一方面，肉块缺乏这种"软化剂"，另一方面，肉汁中含有水溶性蛋白质（所谓的肌浆蛋白），有助于从55℃开始发生结合。因此，真空低温烹调法预煮的肉饼其较高的黏合度有两个原因：较高的压力增加了肉的颗粒之间的接触面，而随肉汁逸出的肌浆蛋白增加了黏附性。如果主要利用肌肉蛋白的松散结合力来黏合碎肉，那么就不建议真空低温烹调的温度高于52℃。此外，将脂肪含量较高的混合肉料用真空低温烹调法预煮也是一个不错的想法。

煎炸前还是煎炸后放盐

先放盐还是后放盐，这个决定对碎肉饼来说比传统牛排重要得多，但这不仅仅是个人喜好的问题。盐不仅仅是增加味道，因为氯化钠（盐）与水接触后会分解成带正电的钠离子和带负电的氯离子，电荷会产生很大的力，从而对肉类蛋白质的结构产生一定的影响（这就是为什么牛排爱好者会在烹饪前1小时往牛臀部或颈部的肉上撒盐，以使其更嫩的原因）。

在碎肉上，盐可以接触的表面积更大，因此可以抓取已经"暴露"的蛋白质。特别是在肌球蛋白上，盐的离子可以使其释放出来。这个过程被称为"盐析"。盐析虽然需要更高浓度的盐，但当盐粒落入粗糙不平的肉表面并开始在潮湿的表面溶解时，盐析就会发生。肌球蛋白从已经在绞肉过程中被破坏的细胞中析出。碎肉预先腌制得越久，释放的肌球蛋白就越多。然而，如果更多的肌球蛋白析出，就会更好地结合。在这种情况下，肉饼变得更结实，稠度变得更接近肉丸。如果只对肉适度用盐预处理，这种效果就不明显，几乎看不出来，结构仍然"易碎"，并且煎好的肉饼看起来也更多汁。

我们建议：完全不要预先加盐，但不要吝啬香料，最后再加入颗粒状的海盐、盐之花、盐片或类似物。或者搭配相应的浓郁酱汁。

急冻过程中会发生什么

碎肉是非常敏感的，因为大面积的粗糙不平的表面非常有利于细菌、酵母菌和其他病菌的滋生，它们可以在较高的温度和较长的时间里在碎肉中迅速繁殖。将新鲜的碎肉冷冻，可以避免这样的危险，但使用解冻的肉会对肉饼的黏合产生影响。

这是有物理原因的，因为普通家用冰柜的冷冻速度通常太慢。众所周知，肉的水分含量很高，为70%~75%，具体取决于脂肪含量和部位。在肉汁中，动物自身的盐/矿物质（如钠和钙）及球状蛋白质溶解在其中，使肉汁的冰点降低了1℃。

因此，食物在-1℃时才开始冷冻过程。接着，水变成冰晶，并逐渐变大。只要水结了冰，肉里的温度就不能再下降了。如果制冷能力太弱，食物会在-1~-2℃的温度停留很长时间，水分子就有足够的时间寻找最理想的结晶位置，冰晶因此会变得非常大。在这个过程中，它们会使肌肉细胞爆开，蛋白质撕裂，结构发生改变。解冻时，保水力下降，肉汁从肉中流出，在盘中形成一摊水。解冻过程中的水分流失会改变肉饼的煎炸性状。然而，与此同时，先前还是完整的肌肉细胞的爆裂"暴露"了更多的蛋白质，这有助于在煎炸或加热时增加结合力。汉堡变得更有弹性，黏

合力更强，酥脆感也消失了。质地变得更接近"肉丸"，类似于一个致密的团块。

现代急冻系统避免了这些负面影响。在快速和精确的温度控制下，肉很少甚至没有"冻伤"。这样，煎炸的肉饼在稠度上就和用新鲜绞肉制成的肉饼一般无二了。

—

如何在素食肉饼中实现可接受的黏合力

素食或纯素汉堡已经成为一种时尚。由各种蔬菜丁、玉米或煮熟的谷物给素肉饼带来所需的酥脆感。纯素食者必须借助于含有面筋/麸质的谷物或耐高温的亲水胶体，如结冷胶、琼脂、凝结多糖，甚或是这些物质的混合物来增加黏合力。使用甲基纤维素在这里也是很有帮助的，当加热到45℃以上时，改性纤维素（完全无害，与所有报道相反）会发生胶凝，因此有助于保持素肉饼内部的黏合。

一些黏合也可以通过豌豆、谷物或大豆蛋白（豆腐）的混合物来实现，但是肉蛋白的分子行为无法用其他蛋白质来模仿。用这些蛋白片、纤维和面粉，确实可以产生一定的黏合力。但与许多仿制产品一样，和肉类相比，口感相当一般。

脂肪的引入也存在问题。与动物脂肪特别是牛油相比,植物油的熔点很低,为液态,因此必须事先进行牢固的黏合。这反过来又需要强乳化蛋白质或乳化剂,如卵磷脂或甘油单酯/甘油二酯,因此,在尝试制作完美仿制的素食汉堡时,必须深入研究食品技术的诀窍。

然而,仿制肉类的想法毕竟还是非常荒谬的。每一种食物都有自己独特的味道,自己的质地,自己的风味世界,简而言之,具有很高的整体文化价值。迄今为止,便利的仿制产品都缺乏这些。它们的存在只是因为有可能被用来开发市场。因此,只有极少数人认为这些产品真的"好"。

不过,说到底,谷物肉饼作为一种仿制肉饼,在享受方面是一种矛盾:切成两半的谷物制成的面包之间还夹着一块谷物。

但由非动物蛋白也可制成新的、多样化的、令人兴奋的美味产品。面筋及其衍生产品就是其中一个例子。

什么是"鲜味汉堡"

目前,鲜味十足的汉堡非常受欢迎。鲜味就是谷氨酸的味道,谷氨酸是一种常见于蛋白质中的氨基酸,当蛋白质分解到一定程度,使谷氨酸暴露出来,就很容易获得鲜味。这种情况通常会出现在长时间炖煮的菜或长时间烹调的酱汁中。但在大豆、鱼、蚝油或美极鲜味汁中,当蛋白质通过发酵,即在酶的帮助下被分解,也会产生鲜味。

经典的汉堡配料集中在质地差异和甜、酸、咸、苦等基本味道上。新鲜脆嫩的生菜作为一种配料,带有淡淡的清新苦味,番茄增加了一些鲜味及果味,而蛋黄酱则通过其乳脂状的成分丰富的质地,提供了一种微酸的新鲜味道。芝士片(如果质量好的话)也可以增添咸味和类似鲜味的味道。番茄酱可以提供酸味和甜味。

由于肉饼的烹饪时间不够长,不足以分解肉类蛋白质以释放谷氨酸,所以肉中的鲜味不是特别强烈,其味道主要取决于调味料。

由于经典的甜、酸、咸、苦的味道已经平衡,因此在肉中加入强烈的鲜味是有意义的。有很多方法可以做到这一点:

1 在肉馅中加入浸泡腌制后的海带,其中的游离谷氨酸含量非常高。
2 蘑菇粉中的游离谷氨酸含量也很高。
3 在绞肉机中加入番茄粉或脱水的干番茄块。
4 添加鲜味浓缩番茄汁。
5 将大火收汁的烤肉高汤或酱金牌酱汁放入肉馅中。
6 如果口味适合,可以加入非常成熟的、非常干的帕玛森芝士、格吕耶尔芝士或汝拉芝士碎末。
7 加入1~2滴酱油或发酵鱼露。
8 切碎的咸鳀鱼也能提供不错的鲜味。
9 可以取其中几种,取决于汉堡结构的烹饪方向。

最后一点,部分肉饼用的混合肉也可以用炖肉代替,味道也很好,但会增加一些弹性结合力,从而减少肉饼的"酥脆易碎"感。

素食者或纯素食者也可以配置自己的"肉饼",以质地类似肉的食材(大豆、面筋、有质感的豌豆蛋白……)作为基底,加上酵母作为额外的调味品,味道鲜美,其中所含的"酵母提取物"正是谷氨酸。

肉饼食谱

混合肉饼

东海岸混合

50%下肩胛肉（肩部、颈部）

30%上肩胛肉（臀部）

20%牛胸肉

这种混合方式被广泛称赞为完美的组合，在美国东海岸的许多高端汉堡餐厅中都采用这种混合风格。

肩部或颈部和臀部的肉能提供良好的肌肉纤维，带来极佳的口感。牛胸肉以其丰富的大理石纹和肌内脂肪含量为肉饼添加了良好的稳定剂。牛胸肉近乎甜味的味道为其他偏酸的肉质成分提供了一个完美的平衡。

脂肪冠军

100%牛小排

牛肋排（Short Rib）是美国人对横肋的称呼，包括牛小排和牛肩胛小排，我们只取前者的肉。

这个部位的肉最为理想的是来自内布拉斯加的牛肉（玉米喂养）。如果是德国牛肉，我们建议使用阉牛小排。

这部分肉其肉味浓郁鲜美，脂肪含量高，烤出的肉饼几乎是粉红色的，即使是最挑剔的汉堡爱好者也会为之折服。

三角尖肉混合

50%臀腰肉盖

50%三角尖肉

在这里，我们选择了德国的臀腰肉盖切块（带着其特有的肥肉皮）和三角尖肉。两者都有强烈而吸引人的味道。这种混合通常建议脂肪比例占总质量的15%~20%，因此，如果喜欢吃内部是生的汉堡肉饼（英式），那么这种就是一个完美的选择。

提示

如果喜欢有更多的烤制香味，觉得光是嚼着150克纯肉饼无甚乐趣，那么只需将所有配方中的碎肉量减半或分成3份，然后用其做成2~3个所谓的

特色肉饼

基本上，对于以下的肉饼变体，要将所有原料小心地混合在一起，松散地塑形。重要的是，肉团仍然保持一定的松散性，在成型时不要压得太紧。煎炸或烧烤时不要忘记加盐。

辣椒鸡肉饼

2只鸡腿，去骨，粗粗绞碎

1~2茶匙杜卡

1小撮泰国红辣椒，切细末

2小撮蒜，切细末并炒熟

适量姜末

鸭肉饼

2只鸭腿，去骨，粗粗绞碎

半把新鲜香菜

2小撮细姜末

2~3滴酱油

1小撮蒜碎

1茶匙卡津（Cajun）香料
（Altes Gewürzamt品牌）

鹿肉[○]饼

250克鹿肉碎末

150克三角尖肉，粗粗绞碎

50克熏肥猪肉，切碎

犊牛肉饼

350克碎犊牛肉，脂肪含量20%~25%

100克新鲜犊牛胸腺，粗略切碎

小龙虾肉饼

300克生虾肉，切细丁

100克三文鱼，切细丁

50克鱼蓉（270页"馅料"）

1小撮泰国红辣椒，切末

1小撮蒜末，炒熟

羊肉饼或羊肉丸

450克碎羊肉，脂肪含量20%

半茶匙孜然

1/4茶匙蒜末

半把平叶欧芹，粗略切碎

半个柠檬皮，磨碎

1小撮鸟眼辣椒粉

2撮荜澄茄

1/4茶匙八角，烘烤并细细磨碎

牛肝肉饼

300克碎小牛肉，脂肪含量20%

100克小牛肝，切细丁

4~5片鼠尾草叶子，切碎

50克白面包，去掉面包皮并揉碎，制成面包屑

牛肉和猪肉饼

300克"脂肪冠军"混合肉料，粗粗绞碎

150克猪颈肉，粗粗绞碎

猪肉饼

450克曼加利察猪（Mangalitza）或杜洛克猪颈肉，脂肪含量至少为20%，粗粗绞碎

鞑靼肉饼

400克牛臀肉或里脊，切细丁

1汤匙橄榄油

3汤匙帕玛森芝士，细细磨碎

1/4把细香葱，切细末

3撮现磨的塔斯马尼亚胡椒碎

少许海盐

甘薯素食肉饼

1个甘薯，在烤箱中连皮烤熟

3汤匙熟黄扁豆

2个西葫芦，切细丁

半头洋葱，切碎

2汤匙松子，粗粗切碎

半头蒜，切细末

半把新鲜香菜，切碎

2撮香菜子

2滴鲜味浓缩番茄汁

1撮泰国红辣椒碎

少许海盐

黑豆素食肉饼

300克黑豆，煮熟

1头发酵蒜

半头洋葱，切细丁

少许酱油

半把平叶欧芹，切碎

少许姜末

少许海盐

白鱼肉饼

300克狼鲈鱼，切细丁

100克扇贝肉，切细丁

50克鱼蓉（270页"馅料"）

白香肠肉饼

3~4根巴伐利亚白香肠，去皮并切丁

50克家禽肉泥或香肠肉

200克猪颈肉碎肉

1/4把细香葱，切碎

1/4把法香⊖，切碎

1/4把平叶欧芹，切碎

少许磨好的粗黑胡椒碎

适量煎炸用的菜籽油

少许海盐

让肉饼令人难忘

以下配料会使肉饼具有非常特别的味道：

木炭油，要非常小心地少量使用，否则味道尝起来会像机油。

烟熏液，这里也建议适量使用。

松露黄油，但只有在松露不够的情况下用。

松露片，切碎或用搅拌机搅碎。

新鲜香草，根据汉堡的口味和类型而定。

香草油，实际上一切有利于肉的味道的香草油都可以使用。

精油，要注意用量。

蒜，发酵的、新鲜的，或者在油中轻炸至金黄色的。

内脏，切非常细的丁。

香料，使用时应该与汉堡的其他部分相匹配。

辣椒，要谨慎使用。

黄油，为了获得细腻的黄油味，最好在绞肉时直接加入。

手撕肉，牛肉、猪肉、家禽，或炖牛尾。

原汁、酱金牌酱汁、酱油等，大火收汁。

干番茄或水果

鲜味浓缩番茄汁，能极大提升味道。

浓郁的调味料

为了使碎肉具有浓郁的烟熏烧烤香味，将肉放在奶油枪中，用烟斗和一些烟熏木屑进行熏烤。立即拧上盖子，使烟雾无法再逸出，并用氮气筒充气，将肉放在其中熏10~15分钟，排出气体后取出肉，再按正常工序做成肉饼。

⊖ 法香，又称细叶芹、茴芹、车窝草、雪维菜、峨参。

酱汁

汉堡用酱汁

酱 汁有甜味、酸味和辣味，真正的魔力不仅体现在味道上，还体现在口感和温度上，让人着迷。

连接者

酱汁不仅是面包和肉饼之间的连接者，而且还承担着为整体布局定调的重大任务，可单独使用或与其他酱汁结合使用。在单独使用的酱汁中，最常见的代表是：番茄酱和蛋黄酱。

番茄酱

番茄酱是经典的冷酱，与蛋黄酱一样用途广泛。番茄酱已经成为快餐界不可或缺的存在。老实说，如果没有番茄酱，有些食材的味道甚至都不对了，番茄酱搭配鸡块、春卷或炸鱼条都相当受欢迎……没有番茄酱的薯条会是什么样子？多汁的烤牛排如果没有奶油般流动的甜辣番茄酱又会怎样？温热、蓬松的面包卷，诱人、多汁、略带烤香的肉，和天鹅绒般丝滑的蛋黄酱和酸甜的番茄酱之间的完美结合——让人联想到一场梦幻般的婚礼。好吧，与其说是婚礼，不如说是一场美食烹饪的盛宴，感官的狂欢。

番茄酱的诞生

番茄酱于1812年首次在美国出现，使用番茄为基础制作，但仍然按照最初的生产工艺制作成发酵酱。相比于现在的番茄酱，那个时候的番茄酱非常稀，味道也更酸。当时的番茄酱是由绿色的番茄制成的，远没有今天这么甜。随着食谱配方从绿番茄变为成熟的红番茄，口感和味道也发生了变化。果胶提供了顺滑的结合方式，而天然谷氨酸则带来了更丰富的口感。20世纪初，第一批购自美国的番茄酱来到了德国。

蛋黄酱

据说是加泰罗尼亚人在1024年首次用文字记录了蒜泥蛋黄酱的配方。然而，法国人使蛋黄酱在世界范围内闻名，并为其进入各国的厨房开辟了道路。

超级明星

蛋黄酱是一种冷的、乳化的酱汁，其温和、微妙和酸甜浓郁的味道丰富了很多菜肴，适合搭配油腻的薯条及美式寿司。

执行重要任务的外交官

我们相信合适的蛋黄酱可以丰富每个汉堡，并在多汁的烤肉饼、新鲜的沙拉和面包的黄油之间形成联系。蛋黄酱巧妙地将所有的酸味和辣味融合为一体，所有成分都可以完美地结合在一起。它是一个熟练的烹饪外交官，肩负着重要的使命。

用奶油枪制作蛋黄酱

作为一种制备蛋黄酱的特殊方法，我们建议将蛋黄酱与少量液体混合，搅拌使其变稀，并将其倒入奶油枪中，用两个氮气筒进行充气。这不仅能产生起泡、蓬松的蛋黄酱，而且还能极大地提升其本身的味道。当然，在将混合物装入瓶中之前，必须细细捣碎或过滤。

1845年的蛋黄酱食谱

食谱的分量是6~7人份。将5个蛋黄与半茶匙盐和大半个柠檬的汁混合。充分混合后，一边搅拌一边分次加入半升橄榄油。最好坐于冰上打，打至十分黏稠，至少需要1小时。最后，加入1小撮白胡椒和半茶匙上等英式芥末。

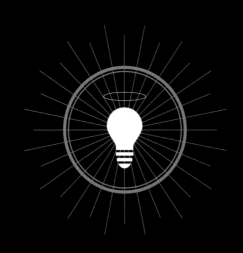

酱汁知识探究

蛋黄酱的基本成分

不管蛋黄酱味道如何，其基本成分都是一样的：水、油/脂肪、乳化剂。剩下的就是口味问题了，如有蛋黄、葵花子油和柠檬汁的经典蛋黄酱，有奶油蒜味的蒜泥蛋黄酱，也有无处不在的雷莫拉蛋黄酱（Remoulade）。经典版本总是包含蛋黄、油和香料。蛋黄不仅由水和脂肪组成，而且还含有大量的表面活性分子卵磷脂和乳化蛋白质。卵磷脂起着乳化剂的作用：其带电的头部是亲水的（即水溶性的），而其中性的疏水部分会溶于油中（即亲脂性的）。如果现在用打蛋器打蛋黄并慢慢加入油，效果和摇晃是类似的，会形成被水包围的油滴。水滴被亲脂性的"卵磷脂尖刺"所包围。更重要的是，因为卵磷脂的电荷直接排列在水滴的表面下，并且由于长距离的库仑斥力，还能确保它们保持分离。

蛋黄酱的物理原理

从这些现象中产生了一些与搅打蛋黄酱有关的值得注意的物理原理：

①添加盐意味着增加离子浓度。根据德拜和休克尔的理论（Debye-Hückeltheory，离子互吸理论），钠的正电荷（Na^+）在卵磷脂的负电荷周围排列并包围它们。这就把库仑势转变为德拜-休克尔势，其范围随着盐浓度的增加而减小，蛋黄酱变得有点不稳定。

②加入柠檬汁，也就是酸，会降低pH。这是有利的，因为乳化剂的电荷在酸性环境下更容易释放。酸甚至会增加一些乳化剂的电荷。这就为斥力提供了支持，从而增强了蛋黄酱的稳定性。

③如果蛋黄酱凝固，可以通过加入另一个已经打好的蛋黄来改变，即加入更多的卵磷脂、蛋白质和更多的水，并用高速搅拌。顺便说一下，芥末也很有用，因为像卵磷脂一样，芥末蛋白和芥末中含有的（精细研磨的）固体具有表面活性作用，从而支持乳化剂的稳定性。加入更多的芥末（和酸黄瓜、醋、莳萝等），蛋黄酱很快就变成了雷莫拉蛋黄酱，搭配鱼和鸡肉一直非常受欢迎。

④凝固的蛋黄酱也经常被"回炉重造"。要做到这一点，需要在一个杯子里打一个蛋黄作为新的启动剂，然后将凝固的蛋黄酱作为"油"乳化成细流。

蛋清制成的蛋黄酱

如何处理剩余的蛋清？很简单，还是做蛋黄酱——因为蛋清中的蛋白质也具有表面活性，甚至要有效得多。如此，我们就得到了基本材料：一个蛋清、一些盐和大约200毫升橄榄油。用搅拌器轻轻搅打蛋清，加入盐，然后慢慢倒入橄榄油，让搅拌器全速运转，形成固体的水包油乳液，即蛋黄酱。与一些以蛋黄为基底的经典蛋黄酱相比，蛋清制作的更具有"弹性"和稳定性。且橄榄油的味道不会受到影响，因为蛋清是没有味道的。因此，蛋清制作的蛋黄酱很容易调味：加一点柠檬汁、蒜、酱油、香草等。

蛋清粉制成的蛋黄酱

由蛋清粉（白蛋白）制成的蛋黄酱可以加入美味的液体，如苹果汁或橙汁、低脂蔬菜汁或蔬菜冰沙，就能获得美味的、晃动的蛋清液。然后加入合适的油——如葵花子油和草绿色种子油的混合物，绿色蛋黄酱就做好了。

这是一种典型的蛋白质稳定的蛋黄酱。蛋清中的白蛋白是有效的乳化剂。如果没有蛋白质在其稳定性方面发挥决定性的作用，那么就不可能有任何酱汁和淡奶油的存在。

素蛋黄酱

素食或纯素蛋黄酱使用植物蛋白，如大豆或豌豆蛋白，如今很容易买到。事实上，豆浆就是一种超级乳化剂，因为卵磷脂和大豆蛋白共同作用，可以提供不同程度的稳定性。对于甜味汉堡，如果想换个口味，可用豆浆制成巧克力蛋黄酱，因为豆浆提供了大量的卵磷脂和可乳化蛋白质。

巧克力蛋黄酱

做法很简单，将200克黑巧克力（约70%的可可液块以获得浓郁的味道）切小块，放在一个高的狭窄容器中。然后将250毫升豆浆倒入锅中，加热至约80℃，加入30克糖，然后全部倒入巧克力中，立即用手持搅拌器搅打，确保尽可能少地混入空气。手持搅拌器应尽可能深地插入容器中，并在乳化过程中保持这种状态。一旦形成光滑的深色膏体，就可以将其倒入小碗中，并放在冰箱中6~12小时待其"成熟"。

没有"魔法"的双底蛋黄酱

蛋黄酱也不需要太多的乳化剂，因为每一种蔬菜都自带足够的"乳化剂"——加工时，切碎的蔬菜有助于产生乳化效果。

举个例子，用手持搅拌器将带皮番茄和一两头去皮的蒜搅碎，加盐，倒入橄榄油，同时不断搅拌即可完成乳化，搭配众多地中海汉堡表现出色。换成西葫芦和任何可以生吃的蔬菜都可以。也可制成浓郁的鲜味蛋黄酱：蘑菇、炸洋葱、一些浓缩番茄汁、一抹番茄酱和香油——几乎适合任何亚洲口味的汉堡。

酱汁食谱

番茄酱与蛋黄酱

基本番茄酱

3~4个番茄（熟透的）

1茶匙橄榄油

1头蒜，切细丁

1头洋葱，切细丁

1汤匙原糖

1/4茶匙茴香子

1小撮五香粉

1小撮葛缕子，磨碎

4汤匙番茄糊

100毫升过滤后的番茄汁

3滴意大利黑醋，淡色，或霞多丽醋

少许海盐

1茶匙蜂蜜

1小撮泰国红辣椒，切碎

做法

1 将番茄横切两半，入沸水中稍烫一下，然后立即在冰水中冷却。去掉蒂部，去皮，粗略地切碎备用。

2 在锅中加热橄榄油，加入蒜、洋葱和糖，加热至轻微焦糖化。加入茴香子、五香粉、葛缕子和番茄糊，略微翻炒，浇上番茄汁、醋和番茄丁，用海盐、蜂蜜和辣椒调味，用中火熬至糖浆状，直到混合物在锅底开始轻微焦糖化。用木勺不断翻动，并不时添加一点水，以免糖浆烧焦。多次重复这一步骤。盛出捣成泥状，再次调味，装入有盖的玻璃罐中，然后坐冷水中迅速冷却。使用前在冰箱中冷藏保存。

提示：番茄酱煮得时间越长，味道就越浓。为了获得最佳口感，让番茄混合物在底部略微结底几次但不要让其烧焦，这样制出的味道最好，会呈现出淡淡的香甜的烧烤味，但又不会焦糊。

我们推荐的市售番茄酱

澳大利亚番茄酱（微辣）

斯托克斯纯正番茄酱（Stokes Real Tomato Ketchup）或其他品种

基本蛋黄酱

1个蛋黄（室温）

1茶匙柠檬汁，或柚子汁（成品味道更酸涩）

1~2滴番茄醋

半茶匙鲜味浓缩番茄汁

1小撮第戎芥末

2撮海盐

1撮原糖

250毫升温和的橄榄油，或中性的葵花子油、菜籽油

做法

用搅拌机将除了油以外的所有食材搅成细腻的奶油状混合物，一边搅一边分次加入油，直到达到所需的稠度。再次调味，盖好盖子冷藏备用。最好是立即食用或使用巴氏杀菌的蛋黄，当然，新鲜蛋黄的味道更好。

完美的乳剂

建议一个蛋黄搭配100~200毫升油。这样基本不可能因为油太多而凝固成块。

我们推荐的市售蛋黄酱

日本蛋黄酱（丘比沙拉酱）

斯托克斯纯正蛋黄酱（Stokes Real Mayonnaise）

基本纯蔬菜蛋黄酱

上述配方也可用于制作素食蛋黄酱，但作为乳化剂的蛋黄必须用以下产品之一代替。

豆浆（最好不加糖）

巴旦木奶

椰浆

夏威夷果浆

其他替代品

煮熟的米饭

煮熟的博洛蒂豆（Borlotti Bean）

煮熟的鹰嘴豆

煮熟的黄扁豆

蒜末

为了达到奶油状和最佳稠度，还需要加一点液体，如水或合适的高汤，如番茄高汤、黄瓜高汤或各种果汁，以获得不同的口味。

通过添加天然乳化剂（如大豆卵磷脂或果胶），可以提高黏合力。这一点特别推荐用于没有豆浆的配方。

基本质地

从柠檬中提取的果胶具有卓越的黏合性，非常适合制作不含鸡蛋的蛋黄酱。

制作蛋黄酱疑难解答

如果蛋黄酱看起来像腐臭的护手霜，其凝固的原因如下。

1 乳化初期注油过快。多些耐心，下次慢一点！

2 使用太冷的油。油的温度应该至少是室温。

3 油太多，蛋黄太少。凝固通常在快做完的时候。

凝固的补救

1 取一个单独的碗加入一些温热的液体重新乳化部分凝固块，然后再将剩余的凝固物分次加进去。

2 用新鲜蛋黄新制作一批，用打蛋器搅拌，分次加入凝固块。

3 如果有料理机，当然也可以用它来制作蛋黄酱，这样可以省去烦琐的手工作业。

特色蛋黄酱

在72页"基本蛋黄酱"食谱的基础上，加入特色食材，可制成特色蛋黄酱。在制作特色蛋黄酱时，注意不要直接把液体掺入蛋黄酱，这样会使其失去稳定性，要一边搅打一边分次加入液体，这样可以达到更细腻的乳化效果。

蒜泥蛋黄酱

2~3头蒜
3汤匙油

将2~3头蒜切末，将其中一头放入油中略微煎炸至金黄色。将所有蒜拌入蛋黄酱中。如果不喜欢生蒜，只需将所有蒜煎熟即可。

辣椒蛋黄酱

200毫升番茄高汤（275页），熬至糖浆状
1滴柠檬汁
1~2个泰国红辣椒，切碎
少许海盐

醋味蛋黄酱

200毫升淡色黑醋，熬至糖浆状
2滴醋
少许海盐

鱼子酱辣椒蛋黄酱

2滴柠檬汁
3汤匙鱼子酱，根据口味选择种类
少许海盐

刺山柑蛋黄酱

2汤匙刺山柑汁
2滴柠檬汁
1汤匙鳀鱼，剁成细蓉
3汤匙腌制刺山柑，切碎

椰子菠萝辣椒蛋黄酱

3汤匙烤椰蓉
2汤匙菠萝蜜饯，切细丝
2汤匙菠萝泥
3汤匙椰子油
1撮原糖
1小撮鸟眼辣椒粉

香草蛋黄酱

2滴柠檬汁
1把香草，如龙蒿、香菜、莳萝、车窝草、欧芹、细香葱
少许海盐

制作过程中，将香草打成细泥，或者将其切碎，取决于所用的香草本身，因为并非所有的香草混合起来味道都好吃。如细香葱最好切葱花。

辣根蛋黄酱

少许柠檬汁
少许橙汁
3汤匙辣根
少许海盐

橄榄蛋黄酱

4汤匙去核绿橄榄，切碎
3汤匙橄榄高汤（腌橄榄的高汤）
少许柠檬
少许海盐
适量橄榄油

红椒蛋黄酱

8个尖椒，去子并切块

1头蒜，切粗丁

少许橄榄油

少许意大利黑醋，淡色

2小撮泰国红辣椒，切碎

少许海盐

在平底锅中加入少许橄榄油，将尖椒和蒜煎至冒烟，浇上醋，与泰国红辣椒一起捣碎，加入少许海盐调味。在制作蛋黄酱时混入辣椒混合物。

百香果蛋黄酱

1~2汤匙百香果肉（冻干百香果）

1撮原糖

少许海盐

胡椒蛋黄酱

1汤匙发酵的塔斯马尼亚胡椒，切碎

1茶匙塔斯马尼亚胡椒，磨细

黑蒜蛋黄酱

6~8瓣黑蒜，制作过程中分次加入。

芥末蛋黄酱

2汤匙第戎芥末

2汤匙粗第戎芥末

半茶匙蜂蜜

1茶匙番茄糊（视情况加）

少许海盐

番茄蛋黄酱

2个番茄果肉，去皮去子切碎，打泥

2汤匙原味浓缩番茄汁

2汤匙鲜味浓缩番茄汁

1汤匙番茄糊

柚子蛋黄酱

1~2汤匙柚子汁

半茶匙抗坏血酸

少许海盐

洋葱蛋黄酱

2~3头洋葱，切成末

半头蒜，切成末

2汤匙橄榄油

3汤匙意大利黑醋，淡色

2汤匙蜂蜜

3茶匙卡津香料（Altes Gewürzamt品牌）

在平底锅中放橄榄油，将洋葱和蒜煎至金黄色，浇上醋，加入蜂蜜炒焦，与卡津香料一起搅拌到成品蛋黄酱中。

松露蛋黄酱

8汤匙基本蛋黄酱（72页）

2~3汤匙腌制的松露，切碎

1个新鲜松露，切碎

少许海盐

将前3种材料搅拌成均匀顺滑的蛋黄
酱，加入盐调味。

超级蛋黄酱

2~3头蒜，切碎并炒熟

适量橄榄油

1/4茶匙藏红花

少许意大利黑醋，淡色

少许新鲜橙汁

8汤匙基本蛋黄酱（72页）

少许海盐

用手持搅拌器将前5种材料加入蛋黄酱
中搅匀，然后用盐调味。

甜菜根蛋黄酱

8汤匙基本蛋黄酱（72页）

4汤匙甜菜根粒

1~2茶匙辣根

2滴意大利黑醋，淡色

1撮海盐

将前4种材料搅拌成顺滑的奶油状，然
后用盐调味。

辣椒香菜蛋黄酱

8汤匙基本蛋黄酱（72页）

半个泰国红辣椒，切碎

1把香菜，切碎

2汤匙百香果肉

半茶匙蜂蜜

少量柠檬汁

少许海盐

将前6种材料搅拌成顺滑的奶油状，然后用盐调味。

味噌蛋黄酱

10汤匙基本蛋黄酱（72页）

2汤匙橙汁

2汤匙味淋

2汤匙白味噌酱

2滴青柠汁

2汤匙酱油（少盐）

将前5种材料搅拌成顺滑的奶油状，然后用酱油调味。

鞑靼蛋黄酱

8汤匙基本蛋黄酱（72页）

1茶匙第戎芥末

1茶匙红葱头，切碎

1汤匙刺山柑，切碎

1茶匙腌鳀鱼，切碎

1汤匙腌黄瓜，切碎

半把平叶欧芹，切碎

2滴柠檬汁

2撮海盐

2撮牛角椒

1汤匙酸奶油

1汤匙法式酸奶油

将前10种材料搅拌混合，然后小心地拌入酸奶油和法式酸奶油。

芝士蛋黄奶油

200毫升帕玛森芝士高汤，熬至100毫升

2个蛋黄

1汤匙面粉

2汤匙熔化的热黄油

80毫升奶油

150克切达芝士，磨碎

1~2滴意大利黑醋，淡色

2滴柠檬

2小撮熏红椒粉，辣的

2小撮第戎芥末

少许海盐

将帕玛森芝士汤和蛋黄坐于热水中搅打至起泡。将面粉和黄油混合，然后与奶油一起用小火煮5分钟。熄火，加入切达芝士搅拌。掺入帕玛森芝士蛋黄混合物，并用其余材料调味。

牛油果奶油

半头蒜，切细末

半头洋葱，切细末

3汤匙橄榄油，另取一些用于煎炸

1汤匙杜卡

1/4个泰国红辣椒

半个青柠，取果汁

3个成熟的牛油果，去皮去核

1把香菜，切碎

少许海盐

用少许橄榄油将蒜和洋葱煎至金黄色，加入杜卡和辣椒，略微炒一下，然后浇上青柠汁。在搅拌机中加入所有材料打成非常细的泥，然后调酸辣的味道。

烟熏红辣椒

2个尖椒，去皮，切碎

2个番茄，去皮去子，切碎

1个中等辣度的小红辣椒，切碎

半头蒜，切碎并炒熟

1头小洋葱，切丁并炒熟

适量橄榄油

5汤匙基本番茄酱（72页）

半个柠檬，取汁

适量烟熏液

2小撮海盐

将前5种材料煎至金黄色，用中火略微收汁熬浓。用木勺不断铲动防止结底。加入番茄酱，熄火，用柠檬汁、盐调味。

香草酸奶油

半把车窝草，切碎

1把平叶欧芹，切碎

半把红葱头，切碎

6个小红萝卜，切碎

1小撮原糖

4汤匙柠檬汁

2汤匙橄榄油

300克斯美塔那酸奶油

少许海盐

将100克酸奶油与前7种材料放入搅拌机中打成细泥。拌入剩余的酸奶油，并根据口味用盐调味。

酱金蜂蜜奶油
（黑暗骑士）

2汤匙蜂蜜

1汤匙枫糖浆

1茶匙第戎芥末

4汤匙基本番茄酱（72页）

1小撮鸟眼辣椒粉

适量辣根

200毫升酱金牌酱汁，黑色或绿色

少许海盐

将蜂蜜和枫糖浆放入锅中煮沸，加入芥末、番茄酱、辣椒和辣根熬煮收汁。浇上酱汁并收汁，如果有必要，用少许盐调味。

玛莎拉椰子番茄酱（小丑）

2头洋葱，切细丁

1头蒜，切细末

1汤匙姜末

3~4片咖喱叶

1茶匙胡芦巴子，烘烤并磨细

半茶匙香菜子，烘烤并磨细

半茶匙茴香子，烘烤并磨细

1茶匙姜黄

1个泰国红辣椒，切碎

1汤匙酥油

2茶匙蜂蜜

8个番茄，去皮去子切丁

1个绿色椰子汁

2汤匙基本番茄酱（72页）

少许柠檬汁

少许海盐

用酥油将前9种材料煎至半透明，然后加入蜂蜜一起熬至焦糖化。加入番茄、椰汁，用中火熬煮，不断搅动底部沉淀物，煮到非常软烂，加入番茄酱，倒入搅拌机中打成非常细的泥，用盐、柠檬汁、烟熏液调味。

烟熏杏仁帕玛森芝士番茄酱（女高音）

100毫升帕玛森芝士高汤（273页）

4汤匙烟熏杏仁，去皮，炒熟

适量橄榄油

200毫升基本番茄酱（72页）

2滴烟熏液

少许海盐

在锅中把帕玛森芝士高汤煮沸，用搅拌机把杏仁打成泥，加入基本番茄酱，再加入橄榄油，搅至呈奶油状，用烟熏液和盐调味。

绿番茄酱（南方女孩番茄酱）

1头洋葱，切细丁

1头蒜，切细丁

适量橄榄油

半个泰国青辣椒

3汤匙蜂蜜

50毫升意大利黑醋，淡色

8个绿番茄，切细丁

200毫升番茄汤（275页）

少许海盐

3汤匙鲜味浓缩番茄汁

适量柠檬汁

用橄榄油煎炒洋葱和蒜，加入辣椒，加入蜂蜜烧至焦糖化。加入醋、绿番茄、番茄汤，用中火煮40分钟，直至呈奶油状。将其打成泥，并根据口味用盐、柠檬汁、鲜味浓缩番茄汁调味。

烧烤番茄酱

2个苹果（粉红女士品种），去皮去核
切块

1头洋葱，切细丁

1头蒜，切细丁

适量菜籽油

2汤匙枫糖浆

2汤匙黑砂糖

1小撮鸟眼辣椒粉

50毫升灯笼果汁

50毫升苹果汁

100毫升德国老啤酒或棕色艾尔啤酒

1~2茶匙烟熏液

8汤匙基本番茄酱（72页）

少许海盐

将苹果、洋葱和蒜放入热油锅中煎至
金黄色，加入枫糖浆和糖，使之焦糖
化。加入辣椒，倒入灯笼果汁、苹果
汁、啤酒、烟熏液，蒸煮至糖浆状。
加入番茄酱，煮开，用盐调味，然后
打成泥。

萨尔萨番茄酱

2头洋葱，切细丁

1头蒜，切细丁

1根酸黄瓜，切细丁

适量菜籽油

2汤匙蔗糖

1滴黄瓜汁

4个番茄，去皮去子，切细丁

6汤匙基本番茄酱（72页）

少许海盐

1小撮鸟眼辣椒粉

将洋葱、蒜、酸黄瓜放在锅里用少量
油煎，加糖烧至焦糖化。将黄瓜汁、
番茄和番茄酱一起煮沸，然后用小火
收汁，打成泥，并根据口味加入盐、
辣椒调味。

咖喱番茄酱
（咖喱百万富翁）

1汤匙孟买咖喱

1茶匙斋浦尔咖喱

适量菜籽油

半个芒果，切细丁

1汤匙杏酱

10汤匙基本番茄酱（72页）

在平底锅中加油，开中火将2种咖喱
炒一会，加入芒果丁和杏子酱并使其
焦糖化，浇上少许水，加入番茄酱搅
拌，用中火炖煮30分钟。将混合物在
搅拌机中打成泥，并根据口味调味。

配　菜

配菜知识

配菜，根据这个词的字面意思，说明它们只是附属品，通常不会受到关注。如果使用得当，仍然会带来令人愉悦的享受——尤其是经过完美的烹饪并在理想的温度下食用时。

泡菜——不仅仅是酸黄瓜

泡菜的种类无穷无尽，其魅力在于能够完美和谐搭配大多内容丰富而油腻的汉堡，酸味与甜味成功地相互交融。泡菜应始终在室温下食用，因为这种情况下味道是最好的——当然，在夏天享用冰镇的泡菜也是非常爽口的。

以绿色蔬菜打造完美

搭配汉堡的沙拉应该是清凉爽口的，上桌温度在6~8℃为宜，但仍应以酸味和辣味来衬托它的味道。因此，不仅是沙拉，以下的所有配菜都是为了给汉堡的享用体验增加多样性。要以各种差异化的香味来丰富口感，创造诸多美食味觉体验。

炸薯条

配菜中最受关注的通常是炸薯条。薯条最初发明于比利时，如今全世界都在享受这种脆脆的、略带咸味、切得各式各样的土豆条。在德国，这种土豆条通常被称为"Fritte"或"Pommes"。所谓的"Pommes Schranke"指炸土豆条配酱汁，通常只限于番茄酱和蛋黄酱。然而，油炸食品一定不能寡淡无味，必须用上好的热油炸至酥脆，这是享用这种金黄土豆条的不二法门。

薯条带来愉悦的心情

每年有超过30万吨薯条被吃掉，这是理所当然的。因为炸薯条或烤的、微咸的土豆很容易让人快乐。从很小的时候起，我们就学会欣赏它的味道，伴随着对这种油炸美食的迷恋，正应和了那句"不管是什么，只要是油炸的，就一定好吃"的俗语。

我们的小薯条

对薯条的味道起决定性作用的有两因素：一是品种决定了薯条的味道；二是土豆品种的特性。土豆基本分为三类：蜡质、蜡质为主和粉质。

薯条制作

切完土豆条后，必须浸泡，这样可以洗掉土豆的淀粉，使薯条在煎烤时更加酥脆。然后将薯条在热油中进行预炸（温度为155~165℃），预炸后可保存1~2小时。

然后，将预先炸好的薯条在更高的温度（175~180℃）下烘烤，直至酥脆。最后，可以完全自由地去调味。

烘烤

烘烤适合那些不希望房间里有油烟味的人。将烤箱预热至220℃，将土豆条与适量花生油和盐混合，放在铺有烘焙纸的烤盘上，在烤箱的上半部分烘烤30~40分钟，期间经常翻转。

土豆品种

粉质土豆更适合炸薯条，因为淀粉含

量高，水分少。在德国，土豆在包装上用颜色编码，以便消费者能够立即分辨出来。

绿色：蜡质土豆（糯土豆）
红色：蜡质为主土豆
蓝色：粉质土豆

丙烯酰胺

如果在炸薯条时不遵守各种参数，有可能产生致癌物。丙烯酰胺是如何形成的？丙烯酰胺是在美拉德反应过程（即食物表面进行加热的焦糖化过程）中形成的。形成丙烯酰胺的材料是葡萄糖和果糖这两种糖，以及蛋白质构造单位天门冬氨酸（又称天冬氨酸）。糖和天门冬氨酸是土豆和谷物中的天然物质。而丙烯酰胺只在加热过程中形成，即在180℃及以上高温的褐变过程中形成。在215℃下6.5分钟的油炸时间产生的丙烯酰胺含量比在180℃下油炸12分钟高约6倍。因此，用新鲜土豆制作的薯条在油炸前应至少浸泡1小时，以便从边缘区域溶解出一些糖。油炸最高温度不应超过180℃，并且应尽可能缩短土豆的褐变时间（约3.5分钟）以避免形成丙烯酰胺。

赫斯顿·布鲁门塔尔炸法

赫斯顿·布鲁门塔尔炸法使用大的蜡质土豆，切成拇指粗的条，然后将它们入淡盐水锅中焯水，煮至快要断裂后把它们捞出来，铺在厨房纸巾上冷却，然后放入冰箱约1小时。将油预热至140℃，焯过水的薯条分批进行油炸，炸至外表开始结皮。取出薯条，放在厨房纸巾上沥油，并再次放入冰箱约1小时。将油加热到175~180℃，然后将预先炸过的薯条复炸至金黄酥脆。在厨房纸巾上沥油，用海盐调味。

摇晃薯条

（每袋大约100克）

拿一个纸袋，放入薯条，加入混合调料。

重要的是，加入的调料要磨得很细，这样它们才可以更好、更均匀地分布在薯条上。

现在可以摇晃它们了：摇一摇，摇一摇……

拉尔夫风味松露薯条
1块松露，大号
少许海盐
如果有必要，可以加一点松露黄油或松露油（但只在没有新鲜松露的情况下）

准备食用时，加刨得很细的新鲜松露摇晃薯条，并用少量海盐调味。

提示：在这里，更多的松露就意味着更浓郁的味道。

选用哪种松露，应该由钱包或客人的重要性决定。如果喜欢松露油或松露黄油，也可以加一点。但如果有新鲜松露，不推荐用松露油或松露黄油。

本尼和托尼风味撒丁岛薯条
1~2茶匙咸干金枪鱼（或鲻鱼）鱼子，干燥，磨成粉末
1小撮烤蒜，磨成粉末
少许海盐
1小勺橄榄油，强烈胡椒味

塔法里风格杜卡薯条
1茶匙杜仲
1小撮法国胡椒粉
少许海盐

岩濑风格芥末薯条
2片海苔，油炸，磨成粉末
2茶匙鲣鱼片，干燥，磨成粉末
半茶匙芥末粉
1小撮抗坏血酸
少许海盐

昆廷风格卡津薯条
半茶匙卡津调料（Altes Gewürzamt品牌）
少许海盐

芝士风味薯条
1~2茶匙帕玛森干酪，磨成粉末
1小撮塔斯马尼亚细胡椒粉
少许海盐

穆里风味蒜薯条
1~2小撮蒜碎，自制或Wiberg牌
半茶匙菜蓟粉，冻干，Sosa牌
少许海盐

烟熏约翰风味烧烤薯条
半茶匙干番茄片，磨得很细
适量烟熏海盐
1小撮黑砂糖

提示：可以选择将烧烤的香味再加强一点。

如果有一个电子烟斗，一定要用一些从旧的威士忌酒桶上刨下的刨花，或山榉木刨花进行烟熏。把刨花碾细，将它们浸泡在威士忌中，装入烟斗点燃然后将产生的烟雾吹入薯条袋中。注意：不要太多，否则味道会太浓。将袋子摇晃，然后立即食用薯条。

配菜食谱

炸土豆

火柴棍薯条

粉质或蜡质为主的土豆，去皮并洗净
花生油
海盐

1 将土豆切成3毫米厚的片，再切成3毫米粗的条。

2 将土豆条在冷水中浸泡3小时，捞出沥干，并用厨房毛巾拭干。

3 在锅中将花生油加热到160℃。将土豆条分小批预炸约5分钟。不时搅拌，使土豆不要粘在一起，并且受热均匀。

4 捞出土豆，放在铺开的厨房纸巾上冷却沥油。

5 食用前，将土豆条分小批放入180℃的油中炸至金黄酥脆，捞出后沥油，撒上适量盐即可食用。

薯条

粉质或蜡质为主的土豆，去皮并洗净
花生油
海盐

1 首先将土豆切1厘米厚的片，再切1厘米粗的条。

2 将土豆条在冷水中浸泡3小时，捞出沥干，并用厨房毛巾拭干。

3 在锅中将花生油加热到160℃。将土豆条分小批预炸约5分钟。不时搅拌，使土豆不要粘在一起，并且受热均匀。

4 捞出土豆，放在铺开的厨房用纸上冷却沥油。

5 食用前，将土豆条分小批放入180℃的油中炸至金黄酥脆，捞出后沥油，撒上适量盐即可食用。

薯片

蜡质薄皮土豆，去皮并洗净切薄片
花生油
海盐

1 将土豆片在冷水中浸泡2小时，然后用筛子沥干，用厨房毛巾擦干。

2 在锅中将花生油加热到160℃。将土豆片分小批预炸约5分钟。不时搅拌，使土豆片不要粘在一起，并且受热均匀。

3 捞出沥油，放在铺好的厨房纸巾上沥油、冷却，待用。

4 食用前，将花生油加热到180℃。把土豆片分小批油中炸至金黄酥脆，捞出沥油，放入碗中，加盐调味，即可食用。

甘薯条

1个甘薯，去皮并洗净

2汤匙淀粉（土豆淀粉、玉米淀粉、米粉或天妇罗面糊）

1个蛋清

适量橄榄油

1茶匙紫咖喱

少许海盐

1 将甘薯切5毫米厚的片，然后切5毫米厚的条，放在一大碗冷水中浸泡一晚。

2 将甘薯条捞出，放在厨房纸巾上沥干。放入一个大塑料袋或可密封的碗中，分两次加1汤匙淀粉，用力摇动，使甘薯条均匀地裹上淀粉，然后再重复以上步骤。打发蛋清，然后将其拌入已裹好淀粉的甘薯条中。将甘薯条放在一张涂有橄榄油的烘焙纸上，并间隔开。将托盘放入预热至220℃的烤箱中（顶部和底部加热）。大约10分钟后，将甘薯条翻面，再烤10~12分钟，直到甘薯条开始变色。

3 甘薯条烤好后，打开烤箱，将甘薯条留在里面，直到食用。

4 食用前用紫咖喱和海盐调味。

薯角

蜡质薄皮土豆，洗净

花生油

海盐

1 将土豆纵向切6份或8份。将薯角浸泡在冷水中2小时，捞出沥干，并用厨房毛巾拭干。

2 在锅中把花生油加热到160℃。将薯角分批预炸约5分钟。不时搅拌，使薯角不要粘在一起，并且受热均匀。

3 捞出薯角，放在铺好的厨房纸巾上沥油冷却备用。

4 食用前，将薯角分小批放入180℃的油中炸至金黄酥脆，捞出沥油，撒上适量盐调味即可食用。

薯塔

粉质或蜡质为主的土豆，去皮并洗净

花生油

海盐

1 用螺旋薯塔机或旋转切刀将土豆纵向切螺旋状。将其在冷水中浸泡3小时捞出沥干，然后用厨房毛巾拭干。

2 将薯塔穿在一个木扦上。

3 在锅中把花生油加热到160℃。将薯塔分批预炸约5分钟。不时搅拌，使薯塔不要粘在一起，并且受热均匀。

4 捞出薯塔，放在铺好的厨房纸巾上沥油冷却备用。

5 食用前，将薯塔分小批放入180℃的油中炸至金黄酥脆，捞出沥油，撒上适量盐调味即可食用。

煎炸蔬菜

野生西蓝花

2升热水

1汤匙蔗糖

250克野生西蓝花

适量花生油，用于煎炸

1汤匙黄油

1头小红洋葱，切细丁

1/4头蒜，切碎

1撮海盐

1撮肉豆蔻，磨碎

1滴柠檬汁

1 将热水放入锅中，加入糖调味。

2 将西蓝花快速焯一下，使其变脆，浸入冰水中，放在厨房纸巾或毛巾上晾干。然后用热油煎至金黄酥脆。

3 在锅中熔化黄油，直到变成金黄色的焦化黄油（也叫榛果黄油），加入洋葱丁和蒜丁。

4 用适量盐、肉豆蔻和柠檬汁给西蓝花调味，浇上一些洋葱蒜黄油，即可食用。可搭配略带酸味和辣味的蛋黄酱。

土豆煎饼

2个蛋黄

1撮蔗糖

2~3个粉质土豆

少许肉豆蔻

少许海盐

1个温热去皮煮熟的粉质土豆

适量油，用于油炸

1 将蛋黄与糖一起打至起泡。将生土豆去皮，用粗磨器磨碎，充分挤压，收集挤出的水，等待淀粉沉淀。将磨碎的生土豆与蛋黄混合，用肉豆蔻和盐调味。将水中沉淀的淀粉加入生土豆中。

2 馅料：水牛芝士、牛尾（273页）或新鲜山羊芝士配切碎的橄榄。

3 将煮熟的土豆捣碎，并稍微晾一会儿，与生土豆混合物混合，再次用海盐和肉豆蔻调味。将混合物做成小球，用手指压出一个凹痕，然后根据需要往里填充馅料后收口包好，用热油煎至金黄色，捞出用厨房纸巾吸干油，保持温热以备使用。

豆子和蒜

2升热水

1汤匙蔗糖

250克豆子

半头蒜，切薄片

适量花生油，用于煎炸

1撮海盐

几片香薄荷叶

1 将热水放入锅中，加入糖调味。

2 将豆子短暂地焯一下，使其变脆，浸入冰水中，放在厨房纸巾或毛巾上晾干。

3 用热油将蒜煎至金黄酥脆，捞出沥油。

4 将豆子放在热油中煎炸，捞出沥油，与蒜一起放在碗里，加入少许盐和薄荷叶调味，即可食用。

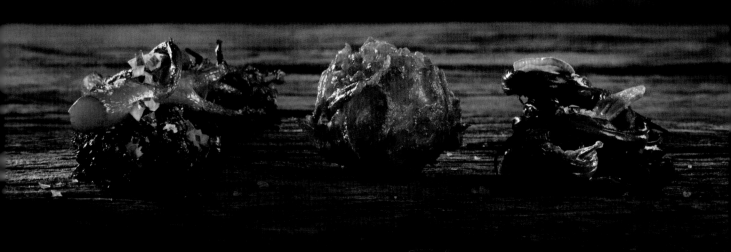

法式土豆丸子

700克粉质土豆

少许海盐

200毫升水

60克软黄油

170克面粉

30克玉米淀粉

5个鸡蛋

1茶匙泡打粉

2汤匙帕玛森芝士，磨碎

适量肉豆蔻

1.5升食用油，用于煎炸

1 将土豆去皮，放入装有盐水的锅中煮熟。

2 将200毫升水和黄油一起放入锅中煮沸，加入面粉和玉米淀粉，转中火加热，不停搅拌混合物，直至充分搅拌均匀。

3 分次加入4个蛋黄和1个全蛋，搅拌均匀，加入煮熟的土豆、发酵粉和帕玛森芝士揉成光滑的面团，用盐和肉豆蔻调味。用茶匙挑起一块面团，然后用手指将面团从茶匙上刮下来，放入热油中煎炸至金黄色即可食用。

茴香头和芦笋

2升热水

1汤匙蔗糖

2个鲜茴香头

1把绿芦笋

适量花生油，用于煎炸

1滴柠檬汁

1茶匙枫糖浆

1小撮法国胡椒粉

1小撮海盐

1块帕玛森芝士，现磨的

1 将热水放入锅中，加入糖调味。

2 择洗茴香头和芦笋，去除芦笋老根。将茴香头纵向切8份，但茎部不切断。将芦笋切两三段。将两种蔬菜在沸水中快速焯一下，浸入冰水中，放在厨房毛巾上晾干，在热油中煎炸至金黄色，用柠檬汁、枫糖浆、胡椒粉和适量盐调味。上菜时，撒上现磨的帕玛森芝士。

洋葱圈

1头大洋葱

200毫升酪浆

2~3汤匙天妇罗粉

1茶匙海盐

1/4茶匙埃斯佩莱特胡椒粉

适量花生油，用于煎炸

1 将洋葱切成非常薄的片。放在一个碗里，把洋葱圈分开。将酪浆倒在洋葱圈上，用叉子把洋葱圈往底下压，使所有的洋葱圈都被酪浆覆盖。

2 天妇罗粉、盐、胡椒粉混合在一起。

3 大约30分钟后，将洋葱圈从酪浆中取出，稍微沥干，然后在调过味的天妇罗混合物中滚一下，立即在热油中炸至金黄酥脆，在厨房纸巾上沥油即可食用。

烧烤蔬菜

辣椒和海盐

200克红色和绿色的辣椒（产自西班牙的Bratpaprika甜椒）

适量橄榄油

适量海盐

1小撮花椒

将辣椒清洗干净，擦干，在热锅中用橄榄油快速煎炸一下，直到表皮变成棕色并起泡，用盐和花椒调味，即可食用。

菜蓟和虾

1个柠檬，榨汁

4个菜蓟

6汤匙橄榄油

1头蒜

少许海盐

2茶匙黄油

2根平叶欧芹，粗略切碎

8只大虾，去壳去虾线

适量橄榄油

1 将约1升水与柠檬汁混合。

2 将菜蓟的外叶剥掉，切掉头部，去掉老根，然后用勺子挖掉里面的毛，立即放在柠檬水中（防止氧化），捞出切两半或4份。在平底锅中加入少量橄榄油和压碎的蒜，放入菜蓟煎炸，煎至四面金黄色。

3 用盐、少许柠檬汁、黄油和欧芹调味，保温。

4 在平底锅中加入少许橄榄油和压碎的蒜，放虾煎炸，用黄油、盐和柠檬汁调味，与菜蓟一起食用。

西葫芦和鸡油菌

2棵葱

1~2个西葫芦

适量橄榄油

少许海盐

100克新鲜小鸡油菌

2汤匙松子

适量黄油

适量磨好的天堂椒（一种香料）

2滴鲜味浓缩番茄汁

1 将葱切细圈。

2 将西葫芦切6厘米长的条状，在平底锅中用热橄榄油和少许海盐炒香备用。

3 在平底锅中加入少许橄榄油，将鸡油菌快速煎炒至变脆。如果煎鸡油菌变成煮鸡油菌，说明锅太热或鸡油菌的数量太多。那么必须先把水烧干，加入松子和适量黄油进行焙烧。用盐、天堂椒和鲜味浓缩番茄汁调味，同时加入西葫芦条和葱圈，略微翻炒一下，即可食用。

青菜和韭葱

4根手指胡萝卜

4根葱

4棵青菜

适量橄榄油

少许海盐

1滴鲜橙汁

1滴枫糖浆

1茶匙黄油

1 将手指胡萝卜去皮，纵向切两半，保留绿色的部分。

2 将葱和青菜同样纵向切半。

3 在锅中用少许橄榄油将胡萝卜、青菜和葱翻炒至微焦，放入碗中，加入盐、橙汁、枫糖浆和黄油调味，即可食用。

番茄和新鲜芝士

4个番茄（圣马扎诺番茄，产于意大利）

适量橄榄油

1撮蔗糖

半茶匙原味浓缩番茄汁

1茶匙酱油

1滴柠檬汁

250克新鲜夏弗若山羊芝士（产于法国）

适量塔斯马尼亚胡椒

1碗德国独行菜

1 将番茄去蒂，然后横切成1.5厘米厚的薄片。

2 在平底锅中加少许油，将番茄片两面煎至表面变色，加糖，烧至焦糖化，加入原味浓缩番茄汁、酱油和柠檬汁，并收汁到切面再次焦糖化。将番茄从锅中取出，用裱花袋将山羊芝士挤到冷却后的番茄片上。用德国独行菜和一些塔斯马尼亚胡椒装饰，即可食用。

牛油果和培根

2个成熟的富尔特牛油果

1个成熟的泰国芒果

1撮蔗糖

1撮海盐

4滴青柠汁

16片薄薄的圣达尼埃菜风干火腿

适量橄榄油

1个泰国红辣椒，切细圈

几片泰国罗勒叶

1 将牛油果纵向切两半，去皮，去核，将两半牛油果各切8片。

2 芒果去皮取肉，用手持搅拌器打成细泥。用糖、盐和青柠汁对芒果泥进行调味，制成沙拉。

3 将牛油果片包裹在火腿片中，放烤架上或涂了少许油的平底锅中两面煎烤至火腿片微焦。摆上芒果沙拉、泰国红辣椒圈和罗勒叶，用少量盐调味，即可食用。

凉 菜

牛心菜和胡萝卜

3根胡萝卜，切4厘米长的条

半棵牛心菜，切4厘米长的条

50毫升芒果泥

5汤匙百香果泥

1汤匙蜂蜜

半汤匙枫糖浆

2~3汤匙酸奶油

2~3汤匙菜籽油

1~2茶匙蜂蜜芥末

1滴辣椒油

适量意大利黑醋，淡色

少许海盐

2汤匙琥珀核桃

半把细香葱，切碎

1根黄瓜，去子，切4厘米长条

1个芒果，去皮去核，切4厘米长条

将前12种材料混合在一起，腌制2小时。拌入细香葱、黄瓜、芒果，并用核桃装饰。

小麦和牛油果

100克麦粒

1头蒜，压碎

少许海盐

1撮糖

3根百里香

2汤匙橄榄油

200毫升蔬菜汤或水

红色和黄色樱桃番茄各1碗，去皮，切半

1个富尔特牛油果，切丁

2汤匙原味浓缩番茄汁

半个青柠，榨汁

半头小红洋葱，切丁

适量橄榄油

适量意大利黑醋，淡色

1滴辣椒油

1撮荜拔，粗略碾碎

1 将麦粒与蒜、盐、糖和百里香一起放入装有热橄榄油的锅里略煎，倒入高汤，煮至有嚼劲，去掉蒜和百里香后装盘。

2 将所有材料小心混合在一起，做成沙拉，并调成酸辣味。

豆角和芝麻

1汤匙出汁（270页）

1汤匙芝麻酱

1茶匙白味噌酱

1汤匙味淋

1汤匙柠檬汁

1汤匙淡酱油

1汤匙香油

1汤匙粗花生酱

半汤匙米醋

1撮鸟眼辣椒粉

1撮海盐

2升热水

120克菜豆（切2厘米长段，焯水）

120克甜豆（切2厘米长段，焯水）

120克矮菜豆（切2厘米长段，焯水）

1汤匙烤香的白芝麻

用前12种材料制作成均匀浓厚的酸甜味调料，放入菜豆、甜豆、矮菜豆腌制30分钟，用芝麻装饰。

胡萝卜和辣椒

半茶匙姜碎

1~2茶匙蜂蜜

1汤匙味淋

200毫升百香果泥

250毫升胡萝卜汁

1汤匙橄榄油

半个芒果，打成细泥

2~3汤匙米醋

半个柠檬，榨汁

1茶匙香油

1汤匙生榨[⊖]香油

1小撮泰国红辣椒，切碎

少许海盐

8根胡萝卜，切6厘米长丝

半头烤过的蒜，切碎

2汤匙花生，炒熟并切碎

半把香菜，粗粗切碎

适量用于装饰的巧克力薄荷

将姜、蜂蜜、味淋熬煮成焦糖状，加入百香果泥和胡萝卜汁，煮至糖浆状。将前13种材料打成丝滑的调味汁，拌入胡萝卜丝腌制约30分钟，与花生碎、烤蒜和香菜混合，用薄荷装饰，上桌。

土豆和黄瓜

300克蜡质土豆

少许海盐

80毫升禽肉汤或蔬菜汤

2汤匙蜂蜜芥末

3汤匙意大利黑醋，淡色

2汤匙橄榄油

3汤匙菜籽油

2滴柠檬汁

1小撮天堂椒，磨好

1根黄瓜，去子切丁

半把细香葱，切细末

2根莳萝，切细末

1碗德国独行菜，切碎

1 将土豆放入盐水锅中煮至变软，趁热剥皮，然后切成块。

2 将汤汁煮沸，加入第4~9种材料调味，浇在温热的土豆上，加入黄瓜丁，让所有食材腌制并浸泡至少30分钟。最后，拌入莳萝和独行菜，即可食用。

蘑菇和樱桃

100毫升樱桃汁

2汤匙枫糖浆

2汤匙13年陈意大利香醋

4汤匙橄榄油和适量用于煎炸的油

150克香菇

150克鸡油菌

100克杏鲍菇

100克樱桃，去核，一切为四

少许海盐

适量塔斯马尼亚胡椒，粗粗碾碎

1/4把平叶欧芹，粗粗切碎

3汤匙琥珀碧根果

1 将樱桃汁与枫糖浆在锅中煮至糖浆状，加入醋和橄榄油搅拌，制成调味汁。

2 将香菇、鸡油菌、杏鲍菇清洗干净，切小块，在热锅中加入少许橄榄油煎至各面金黄，然后加入樱桃。用少许盐和胡椒调味，稍稍冷却后用调味汁腌制，再次用盐和胡椒调味，加入平叶欧芹和碧根果，趁温热食用。

⊖ 普通香油用熟芝麻榨油制成。用生芝麻榨油制作的香油质地轻盈，味道清爽。

特色配菜

甜瓜与芝士

半个小甜瓜，去子切成2厘米×6厘米×1厘米的块

半汤匙蜂蜜

1汤匙枫糖浆

1个青柠，取果汁和果皮

几片龙蒿叶，切细末

200克盐水浸菲达芝士

2~3汤匙橄榄油

2撮现磨塔斯马尼亚胡椒粉

1 将甜瓜用蜂蜜、枫糖浆和青柠汁及龙蒿腌制。

2 将菲达芝士切粗碎，放在盘子里。甜瓜取出，在热烤架上略烤至两面脆，盛盘，放上菲达芝士，淋上橄榄油和腌制液，用青柠皮和胡椒粉调味。

面条和豌豆

150克面条

少许海盐

1个柠檬，榨汁

1个百香果，榨汁

1/4个泰国红辣椒，切细末

2汤匙味淋

1~2汤匙味滋康米醋

1/4茶匙姜末

4滴香油

2汤匙花生油

1个芒果，切细条

半个黄瓜，去子，切细条

50克新鲜豌豆，焯水

50克虾，煮熟，去壳

2汤匙切碎的烤花生

1/4把肉桂罗勒，切碎

1/4头烤过的蒜，切细末

将面条放入盐水中煮至有嚼劲，趁温热加入其他材料一起腌制调味。

黄瓜和莳萝

3根黄瓜，切薄片

1把莳萝，切细末

1~2汤匙酸奶油

1个柠檬，榨汁

1茶匙蜂蜜芥末

1茶匙辣根，磨得非常碎

2汤匙意大利黑醋，淡色

2汤匙橄榄油

少许海盐

1小撮蔗糖

现磨黑胡椒（视情况加）

在黄瓜片上撒少许盐，腌制10分钟，沥干。其他材料做成调味汁，然后与沥干的黄瓜混合。

牛心菜和芥末

1棵牛心菜（叶子焯水）

半头洋葱，切细丁

1小撮蒜，切细丁

适量橄榄油

200克碎肉

1~2小撮葛缕子或孜然，磨碎

适量现磨的荜拨

半个隔夜面包，用少量牛奶浸泡

1汤匙细燕麦片

少许海盐

1汤匙车窝草，切碎

4~6汤匙蜂蜜芥末酱（Bbque品牌）

将洋葱和蒜在平底锅中用热油煎至金黄色，然后与第5~11种材料混合，制成辣味的肉馅。将焯过水的牛心菜叶切成8厘米×10厘米的大小，将肉馅分成8等份，放在牛心菜叶上，紧紧卷成小包裹。在平底锅中加少许油煎炸各面，直到肉馅达到所需的熟度。用蜂蜜芥末酱装饰即可食用。

芦笋和芝麻

16根绿芦笋，焯水

1~2个蛋清

少许蔗糖

少许天妇罗粉

100克黑芝麻和白芝麻

适量花生油，用于煎炸

少许海盐

50毫升越南蘸酱（275页）

将蛋清加少许糖打至硬性发泡，芦笋用天妇罗粉裹2/3长度，再裹上打发蛋白，滚上混合芝麻。在深锅中用油炸一下芦笋，然后放厨房纸巾上沥干。撒适量盐调味，与越南蘸酱一起食用。

豆子和肉

1头红洋葱，切细圈

半头蒜，切细末

少许橄榄油

100克波罗蒂豆，煮熟

1汤匙蜂蜜

1小撮辣椒

适量熏红椒粉，辣的

适量现磨的天堂椒

少许海盐

2枝百里香

2个成熟的番茄，去皮，切粗丁

3汤匙霞多丽醋

50毫升橙汁

50毫升过滤后的番茄汁

几颗杏仁，去皮

少许蔗糖

少许黄油

100克手撕猪肉（190页）

1 预留一些洋葱用作装饰。用橄榄油煸炒洋葱和蒜，加入豆子翻炒，加入蜂蜜烧至焦糖化，加入辣椒、熏红椒粉、天堂椒、盐和一些百里香叶，烧至略微焦糖化。加入番茄丁，再次收汁。淋上醋和橙汁收汁，加入过滤后的番茄汁，稍微打开盖子，煮至豆子变软。将杏仁大致切碎，在锅中加入橄榄油、盐和蔗糖烧至焦糖化。

2 豆子汤熬煮成奶油状，根据口味调味，加黄油使之变稠，即可食用。将手撕猪肉放在上面，用百里香、洋葱圈和杏仁点缀。

泡　菜

紫甘蓝

1棵紫甘蓝，粗略切碎

少许海盐　　　　　1茶匙芥菜子

2个八角　　　　　少许橄榄油

4粒肉桂花　　　　400毫升苹果汁

150克红糖

200毫升苹果醋

6颗多香果粒，碾碎

3片橙皮，去掉白色部分

1 将紫甘蓝与盐、八角、多香果、肉桂花、芥菜子和橄榄油混合，在预热好的烤箱中以140℃烤20分钟左右。然后倒入锅中开中火，加糖烧至焦糖化，淋入苹果汁，煮成糖浆状，加入苹果醋和橙皮，煮沸，倒入玻璃罐中，紫甘蓝在下方。

2 密封罐子，在90℃下煮90分钟，冷却后存放在阴凉处。

甜豆

800克甜豆　　　　1把新鲜香菜

1汤匙芥菜子　　　1茶匙香菜子

半茶匙海盐　　　　1~2瓣蒜，切薄片

200克原糖　　　　2汤匙味淋

350毫升水　　　　1个柠檬，榨汁

200毫升味滋康米醋

1个泰国红辣椒，切细圈

1汤匙蜂蜜

1 将甜豆斜切细条，香菜切段，装入玻璃罐中。在平底锅中用中火干烤芥菜子、香菜子和蒜，加入剩余材料，煮沸后收汁至1/2的量，倒在玻璃罐中的甜豆上。

2 盖上盖子，不要密封，在85℃的水锅中煮25分钟，后在冷水中快速冷却，存放在阴凉处。

菜蓟

16~20个小菜蓟　　2头蒜，烤熟并切丁

1把龙蒿，切细丝　半把欧芹，切细末

半茶匙卡津香料，AltesGewürzamt品牌

少许海盐　　　　　100克原糖

150毫升水　　　　适量橄榄油

1头洋葱，烤熟并切细丁

250毫升意大利黑醋，淡色

2个柠檬，榨汁

1 将菜蓟外面的木质叶子和茎去掉，切掉木质的、带刺的顶部，放在柠檬水中。将除龙蒿、欧芹外的其余材料煮沸，略微收汁，将龙蒿、欧芹倒在菜蓟上，装入玻璃罐中。

2 密封罐子，在90℃下煮90分钟，冷却后存放在阴凉处。

菜椒

适量橄榄油　　　少许海盐

1头蒜，切细末　　100克红糖

150毫升番茄醋　　2汤匙枫糖浆

100毫升番茄高汤（275页）

8个黄椒和红椒，切粗丁

半把柠檬百里香，粗略扯碎

2根龙蒿，粗略扯碎

1个辣椒，切细末

1. 在平底锅中加入少许橄榄油和盐，煎炒辣椒，加入蒜，略微煎炒一下，加糖烧至焦糖化，加入番茄高汤、醋和枫糖浆，煮沸，加入半茶匙海盐和黄椒、红椒、柠檬百里香、龙蒿。

2. 然后倒入玻璃罐中。拧上盖子，不要密封，放在85℃的水锅中煮25分钟，在冷水中迅速冷却，并存放在阴凉处。

芥末黄瓜

1汤匙芥菜子，碾碎

1小撮姜黄，磨碎

1小撮多香果，捣碎

1千克黄瓜或小黄瓜

3汤匙蜂蜜

1汤匙枫糖浆

半茶匙海盐

500毫升意大利黑醋，淡色

1. 在平底锅中用中火将除了黄瓜之外的材料快速干炒一下。将黄瓜去皮，纵向切4份，去心，与其余材料混合，腌制2小时，然后黄瓜捞出，腌汁煮沸。

2. 将黄瓜放入玻璃罐中，将热汤倒入。盖上盖子，不要密封放在85℃的水锅中煮12分钟，迅速冷却并冷藏。

豆子

1升热水

800克豆子，洗净并焯水

1头蒜去皮　　　1茶匙芥菜子

4根茴香茎叶　　1/4把香薄荷

150毫升醋　　　100克原糖

50毫升水　　　半茶匙海盐

1. 豆子放进玻璃罐中。

2. 在平底锅中用中火简单干炒一下蒜和芥菜子，然后加入其余材料，煮沸后倒入玻璃罐中。

3. 盖上盖子，不要密封。将罐子放在85℃的水锅中煮35分钟，在冷水中迅速冷却，并存放在阴凉处。

黄瓜

800克黄瓜

180毫升意大利黑醋，淡色

2~3个不太辣的辣椒，粗略切碎

1茶匙芥菜子，轻度烘烤

120毫升水

1头洋葱，切细丁　1把莳萝，粗略切碎

1茶匙海盐　　　　120克糖

适量辣根，现磨　1茶匙第戎芥末

1. 将黄瓜在一碗冷水中浸泡约12小时，以去除苦味。然后用花样切刀横向切厚片，装入玻璃罐中。

2. 在锅中煮沸黑醋和水，加入其他材料，然后将热醋汤倒入玻璃罐中。

3. 盖上盖子，不要密封，放在85℃的水锅中煮20分钟，在冷水中迅速冷却，并存放在阴凉处。

青菜

800克青菜　　　　适量香油

2瓣蒜，切碎　　　适量姜末

1/4茶匙花椒　　　1茶匙黄咖喱酱

150毫升枫糖浆　　半茶匙海盐

2汤匙柚子汁　　　2根柠檬草，切细圈

4汤匙味淋

200毫升味滋康米醋

1. 将青菜纵向切两半，在热锅中用香油将切面煎熟。

2. 用少量香油将蒜炒至透明，加入姜和花椒，加入咖喱酱炒。

3. 加入步骤1处理好的青菜及其余材料，煮沸，放入玻璃罐中，放在85℃的水锅中煮20分钟，冷却后存放在阴凉的地方。

菜花

1棵菜花　　　　　适量橄榄油

1/4茶匙茴香子　　半茶匙红芥末

1茶匙海盐　　　　2撮肉豆蔻

2撮多香果，碾碎　1/4茶匙天堂椒，捣碎

150毫升梨子醋　　100毫升榅桲汁

120克糖

1. 将菜花分成小朵，用温水洗净。

2. 菜花与适量橄榄油和除糖、醋、榅桲汁以外的所有材料混合，放在烤盘上，在预热好的烤箱中以140℃烤20分钟，然后装入玻璃罐中。

3. 将醋、榅桲汁和糖在锅中煮沸，倒入玻璃罐中。盖上盖子，不要密封，放在85℃的水锅中煮40分钟，冷却后存放在阴凉处。

白菜

1棵大白菜　　　1根萝卜

4根豆瓣菜　　　150克棕榈糖，磨细

250毫升味滋康米醋

100毫升水　　　1/4茶匙海盐

2汤匙鱼露

1~2头蒜，切细末 适量姜末

3头洋葱，切细圈

半把平叶欧芹，粗略切碎

1 将大白菜纵向切4份，横向切条，将萝卜擦成丝，将豆瓣菜粗略切碎。在锅中把糖和醋一起煮沸，与其他材料混合，装入玻璃罐中，盖上盖子，不要密封。

2 将罐子放在85℃的水锅中煮20分钟，在冷水中迅速冷却，并存放在阴凉处。

红洋葱

1千克红洋葱

500毫升意大利黑醋，淡色

150毫升蜂蜜

50毫升德国大黄汁

2片青柠叶

半把柠檬百里香，粗略扯碎

半茶匙海盐

1个泰国红辣椒，切碎

1 将洋葱横向切圈。将香醋和蜂蜜一起放入锅中煮沸，收汁至减半，加入大黄汁煮沸，与剩余材料一起装入玻璃罐中。

2 盖上盖子，不要密封，放在85℃的水锅中煮90分钟，在冷水中迅速冷却，并存放在阴凉处。

茴香头

4~5个茴香头　　　1茶匙茴香子

适量橄榄油　　　半茶匙海盐

2个柠檬，榨汁　　　150毫升橙醋

1把莳萝　　　4根茴香茎叶

2个橙子，榨汁　　　100克蜂蜜

1撮鸟眼辣椒粉

1 茴香头择好，洗净，纵向切大块，与茴香子、橄榄油、海盐和柠檬汁混合，并排放在铺有烘焙纸的烤盘上，在预热好的烤箱中以140℃烤25分钟，中间翻转一次。将其余的材料在锅中煮沸。

2 将茴香头装入玻璃罐中，倒上煮沸的汤汁，盖上盖子，不要密封，放在85℃的水锅中煮2小时，冷却后存放在阴凉处。

玉米

8根玉米	1升热水
100克糖	50克蜂蜜
1头蒜，切细末	半把莳萝，粗略切碎
500毫升意大利黑醋，淡色	
50毫升苹果汁	
1个泰国红辣椒，切碎	
半茶匙海盐	

1 将玉米放在沸水中焯一下，取出后在冰水中冷却。取下玉米粒，装入玻璃罐中。

2 在锅里将糖和蜂蜜熬至焦糖化，加入蒜烧至焦糖化，倒入醋和苹果汁并收汁至减半，然后与其余材料一起倒在玉米上。

3 盖上盖子，不要密封，放在85℃的水锅中煮90分钟，在冷水中迅速冷却，并存放在阴凉处。

芦笋

1.2千克绿芦笋	2汤匙橄榄油
1头洋葱，切圈	半茶匙海盐
1茶匙红芥末	1个柠檬，榨汁
140毫升百香果醋	
180毫升意大利黑醋，淡色	
180克糖	
80毫升水	

1 将芦笋的老根切掉，然后切长段，与橄榄油、洋葱圈和盐混合，在铺有烘焙纸的烤盘上铺开，入预热好的烤箱中以145℃烘烤20分钟。

2 在锅中把其余的材料煮沸，和芦笋混合在一起，装入玻璃罐中，盖上盖子，不要密封，放在20℃的水锅中煮40分钟，在冷水中迅速冷却，并存放在阴凉处。

胡萝卜

1.2千克胡萝卜	1小块姜
半茶匙茴香子	2片月桂叶
5汤匙蜂蜜	2滴鱼露
半茶匙海盐	200毫升橙汁
100毫升橙醋	50毫升水
100克蔗糖	4~6个柠檬皮
1~2根迷迭香	

胡萝卜去皮，切6厘米长的条，倒入玻璃罐中，在锅中把其余材料煮沸，倒入玻璃罐里，盖上盖子，不要密封，在蒸锅中以85℃的温度蒸40分钟，迅速冷却，存放在阴凉处。

甜菜根

800克甜菜根，煮熟，去皮

适量花生油

1~2头洋葱，粗略切碎

适量辣根，磨碎

半茶匙海盐

80克糖

120毫升霞多丽醋

50毫升水

50毫升枫糖浆

1 将甜菜根切大块，在深锅中用热油炸一下，炸脆，用厨房纸巾吸干。在锅中把其余材料煮沸，与甜菜根一起倒入玻璃罐中。

2 盖上盖子，不要密封，放在蒸锅中，在85℃下蒸20分钟，在冷水中迅速冷却，并存放在阴凉处。

金橘

4粒肉桂花	800克金橘
4个橙子，榨汁	2个八角
1/4把百里香	半个辣椒，切细末
80克糖	50毫升接骨木花糖浆
100毫升橙醋	50毫升味滋康米醋

将金橘横切，去子，放玻璃罐中。在平底锅中用中火熬煮橙汁，加入其余材料拌匀，并倒入装有金橘的玻璃罐中。盖上盖子，不要密封，放在蒸锅中，在85℃下蒸90分钟，在冷水中迅速冷却，并存放在阴凉处。

豆瓣菜和黄瓜

8根黄瓜	3升水
4~6棵豆瓣菜	9汤匙盐
1把莳萝	1个辣根，新鲜去皮
3头蒜	1汤匙芥菜子
4汤匙糖	

1 将黄瓜在盛器中加水浸泡12小时，以去掉苦味物质。

2 将3升水和9汤匙盐在锅中煮沸，放凉，加入其余材料，倒入发酵容器中，并压实，使所有配料都完全浸在水中。用布盖住，上面再用带小孔的铝箔纸盖住，储存在阴凉干燥处。大约3天后，就可以品尝。发酵过程完成后，黄瓜内部是完全透明的。同时，乳酸发酵产生的泡沫浮在表面。将做好的黄瓜加一点汤汁装入小玻璃罐中，拧上盖子，存放在阴凉处。

汉堡

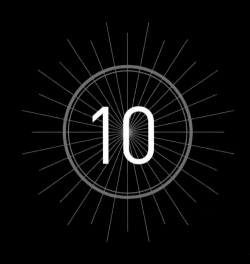

10

汉堡法则

—

美味取决于个人口味。汉堡法则只是善意的建议，是基于我们的经验，以及与真正的专业人士合作而得出的。我们无意对任何人进行说教，但若我的朋友问："怎样才能做出完美的汉堡？"那么我会给出以下建议。

1 自己烘焙汉堡面包

对于汉堡爱好者来说，自己烘焙汉堡面包是一项"王者技能"。毫无疑问，这样做不仅费时费力，而且初次尝试可能会失败。因此，需要一些耐心。但随着经验一点点地积累，自制的汉堡面包将比买到的任何成品都要好得多。所以，额外的努力绝对值得。

2 注重肉的品质

超市的碎肉便宜，但其优点也仅限于此。它们都是用剩肉制成，脂肪含量过低，通常还会掺水。然而，一块完美的汉堡肉饼必须美味。理想情况下，我们应根据个人喜好来加工肉饼。但在做出理想肉饼之前，我们可以先去有品质保障的肉店选择那些部位明确、脂肪含量在20%~30%的适宜肉块。这类肉或许贵点儿，但品质更好，绝对不会让人后悔。

3 盐和胡椒

好的汉堡肉饼只需要盐和胡椒，不需要泡过的面包、鸡蛋、洋葱或肉馅粉。这些东西只在肉质不好或做肉丸时才会用到。只需要盐和胡椒！记住我的话。

所有选择的后果都要自己承担。汉堡也是如此。想加2厘米厚的番茄片？我可能不会这样选，但随你喜欢。每个人有自己的喜好，没有对错之分。但法则3除外：它总是正确的！

汉堡食谱

芝士汉堡

优雅度 3/10　难度 1/5

汉堡本身已经足够美味，但芝士能使其更加可口。我们通过示范芝士汉堡的制作过程来说明这一点。

配料

1~2个番茄，可选用伯尔尼粉番茄

1头白洋葱

适量有盐黄油

4~6汤匙基本蛋黄酱（72页）

适量生菜叶

4~6汤匙基本番茄酱（72页）

适量油

4片半熟豪达芝士或陈年切达芝士

适量现磨黑胡椒碎

1小撮海盐

1　将番茄洗净，横向切成均匀的薄片。洋葱去皮，也切成均匀的薄片。

2　切开面包，放入平底锅中，用有盐黄油煎至切面金黄。将面包翻面煎黄，备用。

3　给下层面包均匀涂上足量的蛋黄酱，然后放上1~2片生菜叶；给上层面包的切面涂上番茄酱。

4　将预先准备好的肉饼放入平底锅中，加入适量油煎至所需的熟度，首次翻转后放上芝士，必要时可在煎烤的最后阶段放上芝士罩（54页），以使芝士熔化。千万不要忘记加盐和胡椒碎。无论芝士有多香，都需要给肉饼撒上一些胡椒碎和盐！将煎好的肉饼放在生菜叶上，接着放上番茄片和洋葱圈，盖上上层面包，立即上桌。

提示

最好不要将番茄储存在冰箱里。如果番茄是从冰箱里取出的，将其放至常温后再放到汉堡上，这样番茄的香气才能更好地散发出来。番茄片和洋葱圈的厚度可根据个人喜好自由选择，但我们建议切成薄片，因为大家不是想吃番茄汉堡或洋葱汉堡，只是想为汉堡增添一点酸辣味。

我们推荐

肉饼混合方式：东海岸混合（62页）

肉饼重量：150克

肉饼烹饪工具：平底锅

面包类型：土豆面包（20页）

上层面包表面：芝麻

配菜：薯塔（87页）

酒精饮品：雷文斯伍德酒庄混酿仙粉黛干红葡萄酒或金汤力

无酒精饮品：可乐

布里芝士汉堡

法国人常说："只要喜欢芝士，就会爱上布里芝士。"现在不仅是法国，世界各地的人们也爱上了牛肉饼和布里芝士之间的完美搭配。此外，蔓越莓果酱提供的完美果味和酸味的平衡，也让味蕾得到更充分的满足。注意：只要尝试过核桃糖，就再也离不开它了。

蔓越莓果酱

2汤匙蔗糖

1汤匙蜂蜜

30毫升浅色香醋

100毫升樱桃汁

100毫升蔓越莓汁

1~2个八角

2~3粒肉桂子

1小撮磨好的塔斯马尼亚胡椒

200克蔓越莓，新鲜或冷冻

蔗糖和蜂蜜倒入锅中，炒至焦糖色后浇上醋，煮成糖浆状，加入除了蔓越莓以外的其他材料，煮成糖浆状，熄火，将蔓越莓放入快速搅拌，然后用保鲜膜盖好，将其放置一旁冷却。

琥珀山核桃仁

4汤匙山核桃仁

2汤匙蔗糖

1小撮海盐

2汤匙水

1汤匙浅色香醋

1 将山核桃仁粗略切碎，放入平底锅中，不加油，炒至金黄色。

2 另取锅加糖烧熔化，加入盐、水和醋，搅拌使糖溶解。接着放入山核桃仁，调至中火，用木勺搅拌收汁，直到炒成琥珀色的焦糖，倒在盘子里或案板上冷却，如有需要，可将其敲碎成块。

配料

4根带叶芹菜

1茶匙黄油

1小撮蔗糖

适量海盐

100毫升混浊苹果汁

300克莫城布里芝士

适量有盐黄油、橄榄油、胡椒碎、罗莎红生菜叶

4汤匙蜂蜜芥末酱

1 摘下一些芹菜叶，放在一旁备用。根据汉堡的大小，将芹菜茎切成两三段。如有需要，去掉芹菜筋。在锅中加入黄油、糖和1小撮盐煎炒，浇上苹果汁，煮至糖浆状，期间不时翻动，静置备用。

2 将布里芝士纵向切成薄片。切开面包，放入平底锅中，用有盐黄油煎至切面金黄色，翻面并放在一旁备用。

3 将预先准备好的肉饼放入平底锅中，加入适量橄榄油，双面煎至所需的熟度。首次翻转后放上布里芝士，在煎烤即将结束时使用芝士罩（54页）熔化芝士。不要忘记给肉饼撒上盐和胡椒碎调味！

4 给下层面包涂上足量的蜂蜜芥末酱，铺上一些芹菜叶和罗莎红生菜叶，然后放上肉饼。接着配上足够的蔓越莓果酱、芹菜段和琥珀山核桃仁，盖上上层面包，立即上桌。

提示

布里芝士的品种可根据个人喜好进行变化。喜欢浓郁口味的，可以选用山羊奶或绵羊奶制作的布里芝士。还可以使用喷火枪将芝士表面烤熔获得美味的烤炙风味。

我们推荐

肉饼混合方式：东海岸混合（62页）

肉饼重量：150克

肉饼烹饪工具：平底锅

面包类型：布里欧修面包（22页）

面包口味：蔓越莓

配菜：甘薯条（87页）

酒精饮品：布鲁尔莱酒庄莱茵高产区的精选雷司令白葡萄酒

无酒精饮品：芹菜苹果汁

布里芝士汉堡

优雅度
5/10

难度
3/5

我们的经典汉堡

有人曾经对汉堡的设计总结说："完美不是靠不断增添东西来实现的，完美是指没有东西可以去除。"新鲜绞碎的肉饼配上自制的番茄莎莎酱和蛋黄酱，搭配虽然简单，味道却绝对值得夸耀！

番茄莎莎酱

1~2个成熟多汁的番茄
1/4头洋葱，切末
适量油
少许泰国红辣椒，切末
4汤匙基本番茄酱（72页）
1茶匙枫糖浆

1 将番茄洗净，顶部剞十字花刀，烫后立即放入冰水中冷却。

2 接着剥去番茄皮，切成4份，去子后切碎。

3 在热锅中用适量油快速炒香洋葱末，加入番茄末和泰国红辣椒末、基本番茄酱、枫糖浆，混合搅拌。常温放置或冷藏备用。

蛋黄酱

4汤匙基本蛋黄酱（72页）
1小撮海盐
少许柚子汁，可用青柠汁代替

将所有材料放一起搅拌均匀。盖好后冷藏备用。

配料

适量胡椒碎
适量盐
适量有盐黄油

1 将准备好的肉饼放在烤架上，双面烤至所需的熟度。一定不能忘记撒上盐和胡椒碎。

2 切开面包，放入平底锅中，用有盐黄油煎至切面金黄。将面包翻面，静置备用。给下层面包抹上蛋黄酱，给上层面包抹上番茄莎莎酱，将肉饼放在蛋黄酱上，盖上上层面包，立即上桌。

提示

此处酱汁的量完全可以随意选择，制作简单，但非常美味。

我们推荐
肉饼混合方式：脂肪冠军（62页）
肉饼重量：150克
肉饼烹饪工具：烧烤架
面包类型：土豆面包（20页）
上层面包表面：细燕麦片
配菜：薯条（86页）
酒精饮品：比尔森啤酒
无酒精饮品：姜汁啤酒

优雅度 2/10

难度 1/5

111

哈胡纳大汉堡

对于在食物中加入水果，人们的意见各不相同，更不用说对于酶的看法了。不喜欢夏威夷比萨的人，应该给这款汉堡一个机会。诚然，这款汉堡较为复杂，连狂热的美食爱好者都得去特色美食店才能买到，但肯定值得。现在试试吧！

菠萝酱

半个成熟多汁的菠萝

1汤匙蜂蜜

50毫升枫糖浆

50克棕榈糖

1小撮磨好的肉桂粉

少许香草

150毫升菠萝汁

150毫升椰子水

1汤匙黄油

1 菠萝去皮取肉，横向切成1.5厘米宽的圆片，去掉菠萝心。

2 在锅中熔化蜂蜜、枫糖浆和棕榈糖，炒至略带焦糖色。加入肉桂粉和香草，浇上菠萝汁和椰子水。放入菠萝片，一起煮至像糖浆一样浓稠。

3 最后加入黄油搅拌均匀，备用。

椰味香辣蛋黄酱

100毫升椰奶

100毫升番茄高汤（275页）

1/4个红辣椒，切末

2茶匙新鲜菠萝果泥（宝茸牌）

2茶匙新鲜百香果泥（宝茸牌）

半茶匙香菜子

5汤匙基本蛋黄酱（72页）

1茶匙酸奶油

适量海盐

适量柠檬汁

将椰奶和番茄高汤倒入锅中，煮至浓稠，加入辣椒、菠萝果泥、百香果泥和香菜子，静置冷却。将蛋黄酱、酸奶油和煮好的椰奶番茄混合汁混合在一起，搅拌打发。最后用盐和柠檬汁调味，让整个酱料尝起来带酸味。

配料

1~2个泰国红辣椒

1把新鲜香菜

1茶匙柠檬汁

1茶匙橄榄油

适量椰子黄油、盐、胡椒碎

4片切达芝士

半个新鲜椰子

1 将泰国红辣椒切成细圈，需要时去子。摘好香菜叶，用柠檬汁和橄榄油略微腌制。

2 切开面包，放入平底锅中，用椰子黄油（普通黄油也可以）煎至切面金黄。将面包翻面，放置备用。在上层面包和下层面包上均匀涂抹足量的椰味香辣蛋黄酱。

我们推荐

肉饼混合方式：脂肪冠军（62页）

肉饼重量：150克

肉饼烹饪工具：烧烤架

面包类型：土豆面包（20页）

上层面包表面：椰子

配菜：豆子和蒜（88页）

酒精饮品：迈泰鸡尾酒或凌思酒庄弗莱恩施海姆产区长相思干白葡萄酒

无酒精饮品：从新鲜椰子中取得的椰子水

3 将准备好的肉饼放在热烤架上，双面烤至所需的熟度。不要忘记撒上盐和胡椒碎。在每块肉饼上放上1片切达芝士，关上烤架盖使芝士略微熔化。

4 将烤熟的肉饼放在下层面包上。菠萝放在烤架或平底煎锅中，双面烤至微焦，放在芝士上。新鲜椰肉刨丝撒在菠萝上，然后均匀铺上腌好的香菜和泰椒圈。盖上上层面包，立即上桌。

提示

可以把剩下的菠萝果肉做成菠萝果泥，用来给沙拉调味或调制椰林飘香鸡尾酒。

优雅度 4/10　难度 4/5

巴伐利亚风味汉堡

这个美味的汉堡来自巴伐利亚地区，在烹饪过程中播放巴伐利亚地区传统的音乐可以带来更加愉悦的烹饪体验。

紫甘蓝

1/4棵新鲜紫甘蓝

1汤匙蔗糖

1茶匙蜂蜜

1小撮多香果，磨粉

2片月桂叶

1头蒜，压碎

少许鸟眼辣椒粉

1小撮海盐

300毫升浅色香醋

50毫升苹果汁

半个橙子，只要橙皮

适量柠檬汁、菜籽油

将紫甘蓝切成细丝。锅中放入蔗糖和蜂蜜，煮至焦糖色。加入多香果粉、月桂叶、蒜、辣椒粉和盐，浇上浅色香醋和苹果汁，收汁至剩余一半，加入橙皮调味，加入柠檬汁和菜籽油，接着用细滤网过滤，浇在紫甘蓝上，搅拌均匀，冷藏腌制至少一夜。在食用前提前取出或加热至50℃即可。

碱液

200毫升浓度为8%的烧碱溶液

适量粗海盐或大颗粒盐

用烧碱溶液代替蛋黄或蛋清刷在已经发酵好的面包上，或者将面包的每个面在烧碱溶液中浸泡3~4分钟。然后用刀在面包上刳十字，撒上粗海盐，按照食谱要求入烤箱中烤。

配料

适量有盐黄油

8茶匙蜂蜜芥末酱

适量油

适量盐

适量胡椒碎

4汤匙第戎粗粒芥末酱

2~3个樱桃萝卜，切成片

1把辣辣菜幼苗

1 切开面包，放入平底锅中，用有盐黄油煎至切面金黄，面包翻面，放置备用。给下层面包均匀涂上足量的蜂蜜芥末酱。在热锅中加一些油，将肉饼煎至所需的熟度，别忘了撒上盐和胡椒碎！

2 将煎好的肉饼放在下层面包上，并涂上一些粗粒芥末酱。接着放上樱桃萝卜片和腌过的紫甘蓝，撒上一些辣辣菜。盖上上层面包，立即上桌。

提示

喜欢辣根的人可以将新鲜的辣根刨丝放在汉堡上面。紫甘蓝最好在真空环境下腌制。

我们推荐

肉饼混合方式：白香肠肉饼（65页）

肉饼重量：150克

肉饼烹饪工具：平底锅

面包类型：土豆面包/德式碱水球（20页、27页）

上层面包表面：盐

配菜：腌渍菜（101页）

酒精饮品：奥古斯丁浅色啤酒

无酒精饮品：无酒精的拉德乐啤酒

土耳其兄弟汉堡

优雅度
5/10

难度
3/5

土耳其兄弟汉堡

这款汉堡好吃得让人闭上眼睛，流下幸福的泪水。在博斯普鲁斯海峡交汇的不只是东方与西方，更有喷香的羊羔肉肉饼、烤辣椒、土耳其牛肉肠和哈罗米芝士的交融。尽管有些人会说，哈罗米芝士其实是希腊的……但这种神奇的组合能让人打开心扉，亲如兄弟。

鹰嘴豆泥

250克干鹰嘴豆

1汤匙小苏打

2头白洋葱

3头蒜

50毫升及适量用于煎炒的橄榄油

半根泰国红辣椒，切末

适量海盐

140克芝麻酱

30毫升柠檬汁

20克黄油

1 将鹰嘴豆和半茶匙小苏打（剩余小苏打之后用）倒入一个大碗中，用凉水浸泡过夜。第二天用滤网滤出鹰嘴豆，并在流水下冲洗。

2 洋葱和蒜切块，在大锅中用橄榄油煸至透明，加入浸泡过的鹰嘴豆、剩余的小苏打、泰国红辣椒和适量盐，在锅中加入凉水，没过鹰嘴豆，煮沸后用中火再煮2~3小时，直到鹰嘴豆变软，可以轻松压碎。

3 熬煮过程中要保证水位一直没过鹰嘴豆。煮好后滤出煮鹰嘴豆的水，水不要倒掉。将鹰嘴豆、芝麻酱、柠檬汁、黄油、盐及50毫升橄榄油放入搅拌机中搅拌，加入适量煮鹰嘴豆的水，搅拌至稳定、柔滑的泥状，再次调味，确保味道辛辣、微酸，最后趁热配餐。也可以买一罐现成的鹰嘴豆泥。

番茄辣椒莎莎酱（哈里萨）

2根红尖椒

1个大番茄，去皮

半茶匙孜然

半茶匙香菜子

1头蒜，切碎

1根泰国红辣椒，切末

1头红洋葱，切碎

适量橄榄油

6汤匙基本番茄酱（72页）

1茶匙鲜味浓缩番茄汁

半茶匙番茄膏

适量薄荷叶

适量海盐

1 红尖椒放在加热的烧烤架上，烤至外皮变黑，稍微冷却后剥去黑色的外皮，去掉辣椒蒂。切开番茄，去子后切块。

2 孜然和香菜子入热干锅中炒香，之后捣成粉。在热锅中加入少量橄榄油，放入蒜末、泰国红辣椒、番茄块和洋葱，炒4~5分钟直到变色。将所有材料一起放入搅拌机中搅打成泥，调味。

配料

12个绿色小辣椒（可煎炸的辣椒）

适量橄榄油

适量海盐、胡椒碎

16个黄色圣女果

2块哈罗米芝士

1根土耳其牛肉肠，切成薄片

适量豌豆苗

1汤匙柠檬汁

适量枫糖浆

1 辣椒去蒂，如果需要，可将辣椒纵向对半切开。在热锅中加入橄榄油和盐，将辣椒煎至变色，加入圣女果，均匀翻炒片刻，盛出备用。

2 切开面包，在面包切面涂抹适量橄榄油，放在烤架上烤好备用。给下层面包均匀涂上足量的鹰嘴豆泥。

3 将准备好的肉饼放在烤架上，双面烤至所需的熟度。不要忘记撒上盐和胡椒碎。同时煎烤哈罗米芝士和土耳其牛肉肠薄片。

4 用柠檬汁、枫糖浆、海盐和橄榄油腌渍豌豆苗。

5 将烤熟的肉饼放在下层面包上，接着依次放上番茄辣椒莎莎酱、辣椒、圣女果、肠片、哈罗米芝士和腌渍的豌豆苗，盖上上层面包，立即上桌。

提示

喜欢蒜的人可以考虑在鹰嘴豆泥快要搅拌好时加入一些用橄榄油炸过的新鲜蒜，再将所有食材一起搅拌成泥。也可以将发酵蒜压成泥或切成薄片放在汉堡上，给汉堡增添一些甜甜的麦芽风味。

也可以将辣椒放在220℃的烤箱中烘烤，使辣椒表皮变黑，或者用喷火枪将辣椒的表皮烧黑，然后剥去皮。

我们推荐

肉饼混合方式：羊肉饼（64页）

肉饼重量：150克

肉饼烹饪工具：烧烤架

面包类型：土豆面包（20页）

上层面包表面：黑种草子

配菜：茴香头（99页）

酒精饮品：瓦赫奥菲得欣绿维特利纳干白葡萄酒

无酒精饮品：爱兰（土耳其咸酸奶）

沙滩男孩汉堡

"Hermosa Beach"（赫莫萨海滩）位于美国加利福尼亚海岸，准确地说位于洛杉矶市。为了使自己拥有完美的身材，当地人每天戴着太阳镜来这里锻炼。健康饮食是塑造理想身材的关键，因此只有在所谓的"放松日"才能享受这款汉堡。牛油果、玉米和额外搭配的培根，这种组合实在令人非常期待"放松日"的到来。

牛油果酱

2个富尔特牛油果

2小撮孜然

2小撮卡真粉

1/4头蒜，切末

1/4根泰国红辣椒，切碎

1头白洋葱，切成细丁

3汤匙橄榄油

半个柠檬，榨汁

2小撮海盐

1小撮糖

1/4把新鲜香菜

1 将一个牛油果纵向切成4份，去核、去皮，接着纵向切成8份，放在烧烤架或平底煎锅上煎烤，备用。第二个牛油果对半切开，去皮、去核。孜然、卡真粉下热干锅中炒香，和蒜、泰国红辣椒一起捣成泥。

2 在锅中倒入1茶匙橄榄油，放入洋葱，炒至金黄色，加入捣好的香料泥炒几秒钟，和剩余的油、其他材料和生牛油果一起放入搅拌机中打成细腻的奶油状即可。做好的酸辣牛油果酱冷藏备用。

玉米

1根新鲜的玉米

适量油

50克黄油

1汤匙蜂蜜或棕榈糖

2小撮海盐

剥去玉米皮和玉米须，入沸水焯烫玉米，煮软后快速捞起泡入冰水中冷却。在热锅中用少许油或在烧烤架上将玉米煎至金黄色。在另一个平底锅中熔化黄油，加入蜂蜜及盐。玉米棒切成两半，用刀顺着棒子从根部将玉米粒整段剥离，得到4片玉米，将其在黄油蜂蜜锅中稍微翻炒后，即可配餐。

烟熏培根肉

12片烟熏培根（武尔卡诺牌）

适量橄榄油

在平底锅中加入适量橄榄油，将培根煎至香脆，取出放在厨房纸巾上沥油。

配料

适量有盐黄油

6汤匙澳大利亚番茄酱

适量盐

适量胡椒碎

适量苦菊

适量青柠汁

我们推荐

肉饼混合方式：脂肪冠军（62页）

肉饼重量：150克

肉饼烹饪工具：烧烤架

面包类型：土豆面包（20页）

上层面包表面：椰子碎

配菜：菜蓟和虾（90页）

酒精饮品：西格弗里德金酒配上柚子汤力水

无酒精饮品：甜瓜姜汁柠檬水

1小撮蔗糖

适量橄榄油

4片半干番茄（272页）

1 切开面包，放入平底锅中，用有盐黄油煎至切面金黄，面包翻面，放置备用。给下层面包均匀涂上足量的牛油果酱。给上层面包的切面涂上少量番茄酱。将准备好的肉饼放在烤架上，烤至所需的熟度。不要忘记撒上盐和胡椒碎。

2 用适量青柠汁、蔗糖、1小撮盐和橄榄油腌渍苦菊。将煎熟的肉饼放在下层面包上，抹上番茄酱，依次放上玉米、半干番茄、烤牛油果、苦菊和烟熏培根，盖上上层面包，立即上桌。

提示

也可以使用预先煮熟的玉米代替新鲜玉米。在牛油果酱中保留牛油果核，牛油果酱可以更好地保存，不易变色。

优雅度 6/10

难度 3/5

扇贝牛肉汉堡

假如我只能选择一种海鲜食物来度过余生，那无疑会是扇贝。我对它们在何处游弋，或是它们究竟以何物为食一无所知。然而，当我搭配熔化的黄油，品尝外皮微微焦黄、内里鲜嫩多汁的扇贝时，我仿佛忘了自己的存在。它们适合放在汉堡中吗？当然了，这款汉堡肯定能使你倾倒。

我们推荐

肉饼混合方式：犊牛肉饼（64页）
肉饼重量：100克
肉饼烹饪工具：平底锅
面包类型：土豆面包（20页）
上层面包表面：燕麦片
配菜：胡萝卜和辣椒（93页）
酒精饮品：智利桃乐丝圣迪娜长相思干白葡萄酒
无酒精饮品：橙子姜汁柠檬水

奶油豌豆泥

50克黄油
50毫升禽肉高汤（272页）
30毫升奶油
200克冷冻豌豆
1/4茶匙红椒粉
2小撮海盐
少量柠檬汁
微量味滋康米醋
微量烟熏油或熏肉油

在锅中将黄油炒至略带坚果香味，加入禽肉高汤和奶油，煮沸，和豌豆一起倒入搅拌机中，高速搅打成泥状。加入其余材料调味。

扇贝

6只带壳扇贝
3汤匙橄榄油
少许蒜末
2根欧芹，切碎
6根龙蒿，切末
1茶匙柚子汁，可用青柠汁代替
2汤匙味滋康米醋
1汤匙蔗糖
微量鱼露
1小撮海盐

少许泰国红辣椒，切碎
基础质地膏（Basic Textur，一种食品质地调节剂，视情况加）

1 扇贝冶净，放在厨房纸巾上沥干。在平底锅中倒入1汤匙橄榄油，加热，放入蒜和欧芹翻炒，欧芹变脆后立即盛至碗中。在碗中加入除扇贝和基础质地膏之外的剩余材料，一道味道浓郁、带酸味的腌料就做好了。如有需要，可以在腌料中加入一些基础质地膏增稠。

2 用剩余的橄榄油煎炒扇贝至两面微黄，放入腌料中腌制3~4小时。

配料

4片薄切意大利培根
适量橄榄油
半个芒果
4根绿芦笋
适量海盐
适量有盐黄油
适量胡椒碎
4汤匙百香果蛋黄酱（75页）
适量豌豆苗
适量新鲜豌豆和菜豆

1 在平底锅中加入适量橄榄油，将培根双面煎至香脆。芒果去皮，切成薄片。绿芦笋洗净，切掉末端，如有需要，可以去皮，然后横切两半，纵切两半，在烧烤架或平底煎锅中用适量橄榄油和1小撮盐烤至两面微焦。

2 切开面包，放入平底锅中，用有盐黄油煎至切面金黄。将面包翻面，备用。

3 在平底锅中倒入适量油，将准备好的肉饼煎至所需的熟度。不要忘记撒上盐和胡椒碎。

4 在下层面包上涂抹一层厚厚的奶油豌豆泥，放上培根和肉饼。芒果和芦笋放在肉饼上并均匀地涂抹上百香果蛋黄酱。将扇贝横向分成两半，每个汉堡上面放3个切半的扇贝。用豌豆苗、豌豆和菜豆装饰，盖上上层面包，立即上桌。

提示

也可以将扇贝切得非常薄，做成青柠汁腌扇贝来搭配汉堡。注意，要多买一些扇贝，以防需要的时候不够用。

优雅度 4/10

难度 3/5

西班牙风味汉堡

只要试一试辣肠泥酱，辛辣的红椒、浓郁的曼彻格芝士和多汁的曼加利察猪肉饼将带你体验一场狂野的骑牛之旅。当你再次睁开双眼时，强烈的失望感会突然袭来，因为眼前只剩自己油腻的手指了。

辣肠泥酱

600克西班牙辣肠
适量橄榄油
200毫升番茄高汤（275页）
1头蒜，切块
2个红尖椒，切丁
1头洋葱，切丁
3汤匙基本番茄酱（72页）
少量浅色香醋
1小撮蔗糖
适量海盐
适量黄油

1 1根辣肠去皮，纵向切成8片薄片。在平底锅中用适量橄榄油将辣肠片两面煎至香脆，放在厨房纸巾上沥油，备用。剩余的辣肠切丁。将番茄高汤倒入锅中煮沸，和辣肠丁一起倒入搅拌机中打成泥。

2 用细滤网过滤，将滤出的汤汁煮至浓稠。在平底锅中加入适量橄榄油，放入蒜、红尖椒和洋葱炒香。加入第7~11种材料，小火煮至黏稠。再次放入搅拌机中搅打成非常细腻的泥，冷藏备用。

辣椒

2根黄尖椒
适量橄榄油
1小撮海盐
1瓣蒜，压碎
2根百里香
微量浅色香醋

尖椒洗净，切成8瓣，去子，放入热锅中，用适量橄榄油和盐煎炒，炒熟时加入蒜和百里香，倒入香醋，煎炒收汁备用。

配料

适量橄榄油
适量胡椒碎
适量海盐
4片曼彻格芝士
2瓣发酵蒜
2汤匙蒜泥蛋黄酱（74页）
适量罗勒叶

1 切开面包，放入平底锅中，用橄榄油煎至切面金黄。

2 在平底锅中倒入适量油，将准备好的肉饼煎至所需的熟度。撒上胡椒碎和盐，撒盐时一定要注意，因为辣肠泥酱已经有咸味了。

3 在下层面包上涂抹足量的辣肠泥酱，放上肉饼。接着依次放上曼彻格芝士、尖椒、切成薄片的发酵蒜、煎好的辣肠片、蒜泥蛋黄酱和些许摘好的罗勒叶。盖上上层面包，立即上桌。

提示

如果没买到发酵蒜，也可以使用切得非常薄、烤得金黄的蒜片。

我们推荐
肉饼混合方式：猪肉饼（64页）
肉饼重量：150克
肉饼烹饪工具：平底锅
面包类型：土豆面包（20页）
上层面包表面：细燕麦片
配菜：土豆煎饼（88页）
酒精饮品：德雷男爵酒庄珍藏红葡萄酒
无酒精饮品：红椒番茄汁

优雅度
4/10

难度
4/5

茄子牛肉汉堡

这个汉堡在我们口中绝对能引起一场味蕾盛宴。

我们推荐

肉饼混合方式：东海岸混合
（62页）

肉饼重量：50克

肉饼烹饪工具：平底锅

面包类型：蒸面包（28页）

面包口味：咖喱

配菜：青菜和韭葱（91页）

酒精饮品：奔富Bin 28设拉子红葡萄酒

无酒精饮品：芹菜苹果汁

茄子

2个小茄子

1汤匙印度酥油

2茶匙薄盐酱油

2茶匙味淋

微量香油

1汤匙枫糖浆

1.5汤匙味噌酱

100毫升出汁（日式高汤）

1根大葱，切成细圈

1汤匙烘烤过的芝麻

微量青柠汁

1 茄子去蒂，纵向切成4份，再切成小三角形，入平底锅中用印度酥油将各面煎至金黄色。浇上酱油、味淋、香油和枫糖浆，将汤汁煮至糖浆状。

2 用适量出汁溶化味噌酱，倒入锅中，继续加出汁，直到出汁加完、茄子煮软。最后将汤汁再次煮至糖浆状，加入葱、芝麻和青柠汁搅拌，即可用于配餐。

豆腐

100毫升出汁

2汤匙酱油

适量味滋康米醋

2汤匙味淋

6汤匙木鱼花

1盒嫩豆腐

适量日式片栗粉，也可选用土豆淀粉

足量花生油，用于油炸

将出汁、酱油、米醋和味淋倒入锅中煮沸，收汁至一半。加入木鱼花，浸泡至少20分钟。将豆腐切成1厘米厚的片，裹上淀粉。在锅中加入花生油，加热至150℃，放入豆腐，炸至金黄色。取出豆腐，沥干油后放入出汁中腌泡。

配料

适量黄油

适量油

适量海盐

适量胡椒碎

200克菠菜苗

4汤匙澳大利亚番茄酱（微辣）

适量琉璃苣⊖苗嫩叶

1 切开面包，放入平底锅中，用适量黄油煎至切面金黄色备用。

2 在平底锅中倒入适量油，将准备好的肉饼双面煎至所需的熟度。不要忘记撒上盐和胡椒碎。

3 平底锅中加适量黄油起泡后，加入盐，下入菠菜翻炒1分钟取出，沥干油。

4 给下层面包涂上番茄酱，放上菠菜，接着依次放上肉饼、豆腐和茄子，最后用琉璃苣苗嫩叶点缀。盖上上层面包，立即上桌。

提示

在炸食物时，要确保使用足够深的锅，避免放入食物时油溢出来。

澳大利亚番茄酱是辣的，需要的话，可以用其他番茄酱替代。

___

⊖　琉璃苣是一种在欧洲和北美广泛种植的蔬菜。

日耳曼地道风味汉堡

家常美味或许没有那么"精致"，然而这简朴的烹饪散发出的香气和味道却将我们带回了幸福的童年岁月，那时世界似乎还可掌握。祖母亲手制作肉丸，搭配温热的香草布丁作为甜点，那样的日子真是美好！这款汉堡是向我们父辈和祖辈的热情而真诚的厨艺致敬。在莱茵兰，弗隆茨（Flönz，德国的一种血肠）是一道美味佳肴，然而对于其他人来说，煎血肠与苹果的搭配听起来却有些不可思议。我们将像当年的祖母那样，带着宽容的微笑请你入座品尝。

苹果片

1个苹果，粉红女士品种

1汤匙黄油

50毫升枫糖浆

200毫升苹果汁

苹果洗净，去除果核部分，横向切成8片，每片约0.5厘米厚。将切好的苹果片放入平底锅中，用熔化的黄油煎至金黄色，浇上枫糖浆。炒煮片刻后，倒入苹果汁，煮至糖浆状备用。

牛心菜

1/4棵牛心菜

2汤匙黄油

1头洋葱，切成细丁

少许新鲜磨碎的葛缕子

少许新鲜磨碎的多香果

适量海盐

1汤匙第戎芥末酱

1汤匙蜂蜜

2汤匙浅色香醋

2汤匙酸菜汁

牛心菜切成细丝。待锅中的黄油起泡后，放入牛心菜，稍微煎炒后用笊篱盛出备用。再次加热黄油，将洋葱炒至透明。加入葛缕子、多香果和1小撮盐，用芥末酱和蜂蜜调味。继续翻炒片刻，然后加入醋、酸菜汁、白葡萄酒翻炒，收汁。给牛心菜淋上汁备用。

配料

适量黄油

120克血肠

适量葵花子油

2汤匙中辣芥末酱

2汤匙魅雅蜂蜜芥末酱

适量盐

适量胡椒碎

2汤匙欧芹，切碎

2汤匙法香，切碎

4片半熟豪达芝士

适量生菜心

几个炸洋葱圈（89页）

1 切开面包，放入平底锅中，用黄油

切成片。在平底锅中加入适量油，将血肠双面煎至香脆，放在厨房纸巾上沥干油。

3 将中辣芥末酱和蜂蜜芥末酱混合搅匀。在平底锅中倒入适量油，将准备好的肉饼双面煎至所需的熟度。不要忘记撒上盐和胡椒碎。将欧芹碎和法香碎混合在一起，在肉饼的边缘裹上一圈。在每块肉饼上放1片芝士，然后用喷火枪快速烤化芝士。

4 在下层面包上铺上牛心菜、生菜心，抹上芥末酱，放上肉饼，依次放上血肠、苹果片和炸洋葱圈，盖上上层面包，立即上桌。

提示

也可以选择细香葱和其他厨房常见的香草。碾碎的薯片也是不错的选择，它们

蟹肉汉堡

世界是如此奇特，常常令人感到惊讶。帝王蟹的腿部跨度可达1.8米，即使失去一条腿，它们也会重新长出来。帝王蟹的确不易捕捞，剥壳也费时费力，但如果搭配熔化的黄油品尝，你可能会考虑搬到它们附近居住，尽管那个地方是阿拉斯加……

我们推荐

肉饼混合方式：猪肉和蟹肉

肉饼重量：100克

肉饼烹饪工具：烧烤架

面包类型：土豆面包（20页）

上层面包表面：冻干豌豆

配菜：甘薯条（87页）

酒精饮品：华盛顿州功夫雷司令

无酒精饮品：胡萝卜橙子辣椒果蔬汁

帝王蟹

4~5条帝王蟹蟹腿

2汤匙黄油

适量海盐

4片姜

1瓣蒜，压碎

1/4个柠檬，榨汁

适量甜酒

1 从壳中取出蟹肉，切成6厘米长的段，放在烧烤架上，烤至两面稍微上色后备用。

2 在平底锅中加热黄油，起泡后加入适量盐、姜和蒜，将烤过的蟹肉放入锅中翻炒约1分钟，浇上柠檬汁和少许甜酒，稍微收汁后即可用于配餐。

黄油咖喱酱

250克印度酥油或清黄油

2汤匙橄榄油

1~2汤匙芒果泥

1汤匙起泡白葡萄酒

1~2汤匙禽肉高汤（272页）

3个蛋黄

1/4个柠檬，榨汁

2~3小撮克什米尔咖喱粉

1~2小撮海盐

1 将印度酥油和橄榄油倒入锅中，加热至70~80℃。

2 芒果泥、白葡萄酒、家禽高汤和蛋黄一起倒入碗中，隔着热水搅拌打发至非常蓬松的奶油状。将热印度酥油慢慢地倒入其中，搅拌均匀，形成浓稠的乳化物。最后用柠檬汁、咖喱粉和盐调味，即可用来配餐。

木瓜沙拉

1/4个成熟的大木瓜

1汤匙姜汁

1个青柠，榨汁

1小撮蔗糖

木瓜削皮、去子，切成小丁。用其他材料腌制，冷藏备用。

配料

半把新鲜香菜

适量有盐黄油

适量海盐、胡椒碎

1 香菜洗净，摘好叶子。

2 切开面包，放入平底锅中，用有盐黄油煎至切面金黄。将面包翻面，备用。

3 将准备好的肉饼放在烤架上，烤至所需的熟度，不要忘记撒盐和胡椒碎。

4 给下层面包均匀涂上足量的黄油咖喱酱，依次放上烤好的肉饼、木瓜沙拉、蟹肉，用香菜叶点缀。需要的话，可以给上层面包的切面也涂上黄油咖喱酱。盖上上层面包，立即上桌。

提示

可以用芒果代替木瓜，也可以使用细香葱或辣辣菜幼苗代替香菜，只是不会这么好吃。

优雅度
6/10

难度
4/5

所罗门汉堡

青柠檬和枫糖浆腌制的三文鱼，搭配花生酱，真是一种极大的享受。如果再加上煎过的平菇，那就是真正的人间美味！

三文鱼

400克三文鱼腹肉
2汤匙酱油
1汤匙橙醋汁
1汤匙枫糖浆
微量青柠汁
适量海盐

将三文鱼腹肉片成4块，用酱油、橙醋汁、枫糖浆和青柠汁腌制至少1小时。将三文鱼块轻轻放在刷净的烧烤架上，每面烤约5分钟，之后盖上盖子继续在温热的烧烤架上保温5分钟，用适量盐调味，即可用于配餐。这样处理过的三文鱼的中心部分仍然保持着半生状态。

花生酱

2汤匙薄盐酱油
2汤匙橙醋汁
1~2汤匙花生黄油
1汤匙水
1汤匙日式蛋黄酱
1汤匙味淋
1茶匙味噌酱

适量青柠汁
适量熟榨花生油
1汤匙烤好的花生，捣碎

将除花生碎以外的其他材料都放入搅拌机中，打成均匀的糊，然后拌入花生碎。盖好，冷藏备用。

芝麻菜

200克芝麻菜，可用菠菜苗代替
适量黄油
1/4根泰国红辣椒，切成细圈
1小撮海盐

将芝麻菜放入起泡的黄油锅中炒1分钟，用辣椒和盐调味。

配料

半把樱桃萝卜
适量橄榄油
适量青柠汁
1小撮海盐
1把菜苗
6~8朵平菇
1头红洋葱，切细圈

1 将樱桃萝卜切成细丝，用适量橄榄油、青柠汁和盐调味备用。用橄榄油和青柠汁给菜苗调味。在平底锅中加入适量橄榄油，煎炒平菇至熟。

2 切开面包，在面包切面涂抹适量橄榄油，放在烤架上烤至金黄备用。

3 在下层面包上涂上花生酱，依次放上芝麻菜、三文鱼片、平菇、洋葱圈、樱桃萝卜丝、菜苗，盖上上层面包，立即上桌。

提示

可以将整块三文鱼放在浸湿的雪松木柴上烤或熏制，然后分成小块配餐。如果有真空包装机，强烈建议真空腌渍三文鱼。没有芝麻菜的话，也可以使用菠菜苗替代。洋葱圈经过浸泡后，辣味会减弱，味道会更温和。

荷兰豪达芝士火腿牛肉汉堡

豪达芝士的美味无可比拟，现在给汉堡加上一片厚厚的豪达芝士和火腿，享受美食吧！

芦笋

半头洋葱，切成细丁

适量橄榄油

1茶匙蜂蜜

50毫升浅色香醋

1/4个柠檬，榨汁

2小撮海盐

4根白芦笋

适量液态黄油

1　用适量橄榄油炒香洋葱丁，加入蜂蜜炒至焦糖色，浇上香醋，收汁至汤汁剩下1/3，用柠檬汁和盐调味。

2　芦笋去皮、去根部，纵向、横向分别切半，在稍微煮开的沸水中焯熟。涂上黄油，如有需要，可用盐调味。将芦笋段放在平底煎锅或烧烤架上煎烤，然后放入碗中，倒入调味汁，腌制2~3小时。

配料

适量有盐黄油

适量油

适量胡椒碎

适量海盐

4片半熟豪达芝士

适量生菜叶

4~6汤匙基本蛋黄酱（72页）

2~3个圣马扎诺番茄，切片

4~6汤匙基本番茄酱（72页）

4片勃艮第火腿，片非常薄的片

适量新鲜辣根

1　切开面包，放入平底锅中，用有盐黄油煎至切面金黄。

2　在平底锅中加入适量油，将预先准备好的肉饼双面煎至所需的熟度，撒上盐和胡椒碎，首次翻面后放上芝士，在取出肉饼之前，用芝士罩盖住肉饼（54页），使芝士稍微熔化。

3　在下层面包上依次放上生菜、蛋黄酱、番茄片、番茄酱、肉饼、火腿片、芦笋段和辣根。盖上上层面包，立即上桌。

提示

可以使用绿芦笋代替白芦笋，不过只有当季的芦笋才好吃。也可以尝试使用其他切片肉类，如生火腿、火鸡胸肉或熏牛肉。

我们推荐

肉饼混合方式：东海岸混合（62页）

肉饼重量：150克

肉饼烹饪工具：平底锅

面包类型：土豆面包（20页）

上层面包表面：燕麦片

配菜：薯条（86页）

酒精饮品：荷兰鸵鸟啤酒厂酿造的啤酒

无酒精饮品：青汁

贻贝汉堡

优雅度
4/10

难度
2/5

贻贝汉堡

世界上有多种可食用的贝类。品尝大锅里用洋葱白葡萄酒炖的贝壳可能是最美好的事物之一，但一款美味的贝肉汉堡也绝不逊色。

肉饼混合方式：贻贝

肉饼重量：——

肉饼烹饪工具：汤锅

面包类型：布里欧修面包
（22页）

上层面包表面：海盐

配菜：薯条（86页）

酒精饮品：伯纳德·雷米桃红香槟

无酒精饮品：法奇那血橙味汽水

贝肉

2头洋葱，切成小块

2~3头蒜，压碎

4根芹菜

3片月桂叶

1茶匙茴香子

6粒多香果，捣碎

1~2汤匙橄榄油

适量海盐

300毫升白葡萄酒

1.5升水

1~1.5千克新鲜贻贝

50克肯尼亚豆角

1头红洋葱，切成细丁

1汤匙柠檬汁

1小撮现磨的印尼荜茇粉

1 在锅中加热适量橄榄油，加入洋葱、蒜、芹菜、月桂叶、茴香子和多香果，稍微煸炒一下，加入盐，倒入白葡萄酒和水，煮沸，放入贻贝，搅一搅，盖上锅盖，关火，静置12分钟。

2 在浸泡贻贝的同时，将豆角切成小圈，用锅中的贻贝汤焯至熟脆。捞出贻贝，去除壳和须，放入碗中，加入豆角、红洋葱丁、橄榄油、柠檬汁和荜茇粉腌制，需要的话可以加适量盐。

法式蛋黄酱

250克印度酥油或清黄油

3汤匙橄榄油

半头白色小洋葱，切成细丁

少许嫩蒜，切碎

2~3粒多香果，捣碎

少许辣椒，中等辣度

1小撮糖

3~4根法香，切碎

3~4根龙蒿，切碎

100毫升霞多丽醋

50毫升起泡白葡萄酒

50毫升禽肉高汤（272页）或鱼肉高汤（271页）或者贝类熬煮的高汤

3个蛋黄

2小撮海盐

1/4个柠檬，榨汁

1 将印度酥油和2汤匙橄榄油倒入锅中，加热至70~80℃。

2 在另一个锅中加入1汤匙橄榄油，放入洋葱丁和蒜蓉，中火炒香，加入多香果、辣椒、糖、法香和龙蒿，浇上霞多丽醋、白葡萄酒和高汤，将汤汁收至剩余1/4。然后用细滤网过滤出汤汁，将汤汁和蛋黄隔热水打发至起泡且呈奶油状。将做法1慢慢倒入打发好的蛋黄糊中，搅拌均匀，形成浓稠的乳化物，最后用盐和柠檬汁调味，即可用于配餐。

配料

适量有盐黄油

半个熟透的番茄

1~2棵罗马生菜心

2~3根欧芹

1把樱桃萝卜苗

1把辣辣菜幼苗

切开面包，放入平底锅中，用有盐黄油煎至切面金黄。将面包翻面，放置备用。用半个熟透的番茄充分涂抹切面，再给下层面包涂上法式蛋黄酱，然后放上1~2片生菜叶。将足量贻贝肉放在生菜叶上，倒上法式蛋黄酱，用欧芹、萝卜苗、辣辣菜苗装饰。上层面包放在旁边，不用盖上，立即上桌。

提示

可以用其他贝类代替贻贝，也可以将法式蛋黄酱放入烤箱中，用上火稍微烤一下。

醒酒汉堡

宿醉后第二天的感觉可能非常糟糕。但如果能起床的话，制作这份有效的解酒食物，可以将注意力从后悔和自责中转移出来。鲭鱼和油炸面包也能提供充足的能量，来应对接下来的活动。

鲭鱼

1头蒜，切成片

适量橄榄油

1茶匙蜂蜜

4~5粒多香果，捣碎

1汤匙柠檬汁

2~3根柠檬百里香

8汤匙霞多丽醋

2汤匙混浊苹果汁

2条鲭鱼

2小撮海盐

适量现磨的荜茇粉

1 在平底锅中加入适量橄榄油，用中火炒香蒜，加入蜂蜜、多香果、柠檬汁和百里香，炒至略微焦糖化。浇上霞多丽醋和苹果汁，待其冷却至60℃。

2 与此同时，鲭鱼治净，片成鱼片，剔除所有鱼刺，鱼片放在做法1中，腌制2~3小时。

3 配餐时将鲭鱼片取出，用厨房纸巾轻轻擦干，避免鱼皮脱离鱼肉。在不粘锅中加入橄榄油和盐，将鱼皮朝下煎至酥脆，翻面后撒上粗磨的

荜茇粉。关火，让鱼肉在锅中用余温再煎4~5分钟，之后即可用于配餐。

配料

1个甜菜根

适量海盐

1小撮葛缕子，磨粉

足量花生油，用于油炸

4汤匙茅屋芝士

150克腌红洋葱（99页）

1把西洋菜

3汤匙甜菜根蛋黄酱（76页）

1 将带皮的甜菜根放入比例为1：10的盐水中煮软，然后泡在其中冷却。冷却后去皮，切成薄片，撒上少许葛缕子和盐调味。

2 锅中倒入花生油，油热后下面包炸至金黄后放在厨房纸巾上沥油。切开面包，给下层面包涂抹上茅屋芝士，依次放上煎鲭鱼、甜菜根片、腌洋葱、西洋菜和甜菜根蛋黄酱。盖上上层面包，立即上桌。

提示

在面包温热的时候食用这款汉堡口感最佳。强烈建议在宿醉的前一天准备好这款汉堡！制作面包的面团可以提前做好，盖上保鲜膜放在冰箱里存放过夜，做面包时从冰箱中取用即可。在上层面包部位撒上蔗糖和1小撮紫色咖喱粉再炸会更美味！

我们推荐
肉饼混合方式：鲭鱼
肉饼重量：100克
肉饼烹饪工具：平底锅
面包类型：土豆面包（20页），油炸
上层面包表面：——
配菜：土豆和黄瓜（93页）
酒精饮品：一杯前一晚最后喝的酒
无酒精饮品：苏打水，中等碳酸含量

优雅度
6/10

难度
3/5

醒酒汉堡

蜗牛牛肉汉堡

我们尝试用犊牛肉饼搭配一些蜗牛，通过发掘蜗牛独特的口感，我们可以摒弃以往最多将其作为开胃菜还需配以大量风味黄油的固有观念。

蜗牛

250克蜗牛肉

50克鸡油菌，洗净、切丁

少许蒜，切碎

适量海盐

适量黄油

2汤匙干白葡萄酒

少许奶油

1个番茄，去子、切丁

1~2根大葱，切成圈

2汤匙酸奶油

少许柠檬汁

适量现磨的荜茇粉

蜗牛肉切小块。在平底锅中加热黄油至起泡，加入盐、鸡油菌和蒜煎炒，下入蜗牛肉翻炒，浇上白葡萄酒，倒入奶油，煮开，加入番茄丁和葱，用酸奶油、柠檬汁、荜茇和盐调味，之后即可用于配餐。

法香蛋黄酱

4汤匙帕玛森芝士汤（273页）

4汤匙番茄高汤（275页）

4汤匙基本蛋黄酱（72页）

半把法香

半把细香葱

少许辣椒油

适量海盐

少许柠檬汁

帕玛森芝士汤和番茄高汤倒入平底锅中熬煮收汁，待其冷却之后拌入蛋黄酱，加入切碎的法香、细香葱、辣椒油、盐和柠檬汁调味。

配料

半个苹果，粉红女士品种

适量黄油

适量油

适量海盐

适量胡椒碎

适量罗莎红生菜叶

4片烤培根（274页）

适量法香

1 用擦丝器将苹果擦丝。

2 切开面包，放入平底锅中，用黄油煎至切面金黄备用。

3 给下层面包抹上法香蛋黄酱，将预先准备好的犊牛肉饼放入平底锅中，加入适量油，双面煎至所需的熟度。撒上盐和胡椒碎。在下层面包上依次放上生菜叶、苹果丝、肉饼、蜗牛肉、培根条和适量法香。盖上上层面包，立即上桌。

提示

没有加番茄高汤和帕玛森芝士汤的蛋黄酱也很好吃，但是加入这两种调味料会让味道更加丰满。

我们推荐

肉饼混合方式：犊牛肉饼（64页）

肉饼重量：100克

肉饼烹饪工具：平底锅

面包类型：土豆面包（20页）

上层面包表面：南瓜子

配菜：蘑菇和樱桃（93页）

酒精饮品：桑塞尔干白葡萄酒

无酒精饮品：用草甸果园的苹果制成的苹果汽水

优雅度
7/10

难度
3/5

金枪鱼牛肉汉堡

鲜美的金枪鱼加上牛肉，吃了这个汉堡，你会不愿吃其他汉堡将就了。

我们推荐

肉饼混合方式：犊牛肉饼（64页）

肉饼重量：100克

肉饼烹饪工具：烧烤架

面包类型：土豆面包（20页）

上层面包表面：杜卡

配菜：薯条（86页）

酒精饮品：普鲁诺托酒庄罗埃洛阿内斯白葡萄酒

无酒精饮品：约尔格·盖格尔无酒精苹果起泡酒

金枪鱼

500克优质金枪鱼片，刺身品质

适量橄榄油

1头洋葱，切丁

少许蒜，切碎

1~2条鳀鱼

50毫升番茄高汤（275页）

1汤匙酱油

1茶匙鲜味浓缩番茄汁

适量海盐

适量柠檬汁

2汤匙日式蛋黄酱

1 金枪鱼片出4片大小相同的薄片，剩余的金枪鱼切块。在锅中加热适量橄榄油，下洋葱粒、蒜和鳀鱼一起煎炒，加入金枪鱼丁略微翻炒，浇上番茄高汤、酱油和浓缩番茄汁，煮沸后关火，静置冷却。在用来配餐前，用适量盐给金枪鱼薄片调味，在平底锅中加入橄榄油，将鱼片一面煎熟，即可用于配餐。

2 将已冷却的金枪鱼番茄混合物放入搅拌机中，加入适量橄榄油和柠檬汁搅拌成非常细腻的奶油状，拌入蛋黄酱。

胡萝卜沙拉

6根胡萝卜

1~2个新鲜橙子，榨汁

2汤匙味滋康米醋

2茶匙橄榄油

1茶匙蜂蜜

1茶匙鱼露

2小撮海盐

少许辣椒，切碎

胡萝卜去皮，切丝，与剩下的材料一起腌制，充分搅拌均匀。

配料

1把辣辣菜幼苗

3根莳萝

适量罗莎红生菜叶

适量有盐黄油

适量盐

适量胡椒碎

2~3个刺山柑果，切片

适量炸洋葱圈（89页）

1 莳萝和罗莎红生菜择好。

2 切开面包，放入平底锅中，用有盐黄油煎至切面金黄。将面包翻

面，备用。

3 将准备好的犊牛肉饼放在烤架上，烤至所需的熟度，小心地撒上盐和胡椒碎。给下层面包均匀涂上足量的金枪鱼酱，然后铺上生菜叶和莳萝，依次放上烤好的犊牛肉饼、金枪鱼片、胡萝卜沙拉，用辣辣菜苗、刺山柑果片和洋葱圈点缀。盖上上层面包，立即上桌。

提示

可以用海鲕或黄鳍鲭鱼代替金枪鱼。顺便说一下，金枪鱼是我们的最爱，不过通常需要买下整条鱼。但如果有真空封口机和足够的冷冻空间，就不要犹豫了。

日式三文鱼蛋卷牛肉汉堡

优雅度 5/10 | 难度 4/5

日式三文鱼蛋卷牛肉汉堡

这款汉堡与最受欢迎的日本产品——寿司——巧妙地融合在一起。新鲜的三文鱼与日式蛋卷相伴而行，搭配柚子和香油，恰到好处地展现了日本独特的烹饪技巧。

三文鱼鞑靼

600克优质三文鱼腹肉，刺身品质

少许辣椒，切碎

将三文鱼制作成鞑靼，用辣椒调味后，压成肉饼状

日式蛋卷

6个鸡蛋

1小撮海盐

1汤匙味淋

1汤匙生抽

适量花生油，用于油炸

1 鸡蛋打入碗中，加入花生油之外的其他材料，充分搅拌均匀。味淋可以给鸡蛋增加一丝甜味。

2 在平底锅中加热适量花生油。倒入适量蛋液，在锅内形成一层薄而均匀的鸡蛋煎饼。当蛋液轻微凝固时，将煎饼从一侧卷起，卷至锅边。在卷蛋饼的过程中轻轻用力，确保煎饼紧密贴合在一起。再次倒入适量蛋液，确保蛋液渗透到已经煎好的蛋卷底部，使其与新倒入的蛋液混合在一起。重复以上步骤，直到蛋卷达到约3厘米×2.5厘米大小。从锅中盛出蛋卷，稍微冷却后，用保鲜膜包裹塑形。配餐时切片即可。

大豆蛋黄酱

10汤匙酱油

3汤匙味淋

1汤匙米醋

1汤匙姜汁

1汤匙腌姜

4汤匙柚子汁

3汤匙日式蛋黄酱

1汤匙生榨香油

锅中倒入酱油、味淋、米醋和姜汁，放入腌姜，煮至糖浆状。取出腌姜，倒入柚子汁和蛋黄酱搅拌均匀，用适量香油调味。盖好，冷藏保存。

配料

3汤匙焯过水的新鲜豌豆

适量香油

适量海盐

适量柚子汁

4片熏制肥猪肉片

半头红洋葱，切细圈

半个苹果，粉红女士品种，切薄片

1把豌豆苗

适量红叶酢浆草

1 切开面包，放入平底锅中，无油煎至切面金黄。将面包翻面备用。

2 用香油、盐和柚子汁腌制豌豆。

3 将肥猪肉片在不粘锅中煎至香脆，放在厨房纸巾上沥油，趁热配餐。

4 给下层面包均匀涂上足量的大豆蛋黄酱，放上鲑鱼鞑靼肉饼，接着放上蛋卷、洋葱圈、苹果片、豌豆、豌豆苗、酢浆草和煎猪肉片，盖上上层面包，立即上桌。

我们推荐

肉饼混合方式：三文鱼鞑靼

肉饼重量：80~100克

肉饼烹饪工具：生食

面包类型：土豆面包（20页）

上层面包表面：海苔

配菜：豆角和芝麻（92页）

酒精饮品：朝日或麒麟啤酒，用少许红石榴糖浆调制

无酒精饮品：姜汁薄荷茶

提示

鞑靼也可以像日式烤鲣鱼一样放在不粘锅中煎烤，或者用喷火枪烤炙表面。如果不想使用蛋黄酱，也可以用嫩豆腐来调和。

TOMO素汉堡

在品尝过由橄榄、番茄和青酱搭配西葫芦和马苏里拉芝士组成的鲜味十足的TOMO素汉堡后，肯定会相信，素食也可以非常美味。真的！

橄榄酱

200克黑橄榄，去核
适量海盐
半头蒜，烤至金黄
2汤匙橄榄汁
适量基础质地膏
500毫升橄榄油

将100克橄榄、盐、蒜和橄榄汁细细搅打成泥，加入适量基础质地膏，慢慢倒入橄榄油，放入剩下的橄榄，粗略混合。

番茄

3个牛心番茄
适量橄榄油
适量海盐
适量蔗糖
半个茴香头
半头洋葱，切丁
1/4茶匙茴香子，烤好，磨粉
1汤匙蜂蜜
少许法国潘诺茴香酒
半茶匙枫糖浆
少量浅色香醋

1 取1个番茄洗净，横向切出8片，每片厚约1厘米。将其放在烤盘上，抹上适量橄榄油，撒上盐和糖调味，放入62℃的烘干机中，或者在轻微打开的烤箱中烘干至少4小时。剩余的番茄切块，茴香头切成细丁。

2 在平底锅中加热适量橄榄油，放入洋葱和茴香头丁，中火炒至金黄色，加入茴香子，稍微炒香，倒入蜂蜜，炒至焦糖色，浇上茴香酒，加少量盐，下入番茄块和半杯水。调至小火熬煮收汁，不时用木勺翻动锅底，直至汁液浓稠。最后倒入枫糖浆和香醋调味备用。

西葫芦

1根金皮西葫芦（又叫香蕉西葫芦）
适量橄榄油
适量海盐

西葫芦纵向切薄片，涂上橄榄油，撒上盐，叠放在一起腌制。

青酱

1把罗勒
100克松子
100克帕玛森芝士，刨碎
适量海盐
1/4个番茄，切块
半个青柠，榨汁和刨皮

将除青柠汁以外的所有材料放入搅拌机中，制作青酱。使用前倒入青柠汁即可。

我们推荐

肉饼混合方式：马苏里拉水牛芝士
肉饼重量：——
肉饼烹饪工具：平底锅
面包类型：素食面包（24页）
上层面包表面：干辣椒面和脱水番茄碎
配菜：法式土豆丸子（89页）
酒精饮品：格勒希诺酒庄莫雷利诺斯坎萨诺干红葡萄酒
无酒精饮品：罗勒柠檬水

配料

2~3根罗勒
2~3根龙蒿
适量橄榄油
2大块马苏里拉水牛芝士
1头蒜，切成片，烤炙

1 洗净所有香草，摘成段。切开面包，放入平底锅中，用橄榄油煎至切面金黄。将面包翻面备用。

2 给下层面包抹上橄榄酱和青酱。烤至半干的牛心番茄片放在番茄茴香汤中泡开，在每块面包上放1片。马苏里拉水牛芝士横切成两半，包在西葫芦片中，放在烤架上或平底锅中用大火迅速煎其两面，直到芝士开始熔化，然后立即摆放在汉堡上。盖上1片番茄片，用罗勒、龙蒿和烤过的蒜片装饰。盖上上层面包，立即上桌。

提示

要购买优质黑橄榄，确保橄榄不是染黑的。当然，也可以选择青橄榄。

TOMO素汉堡

优雅度
6/10

难度
3/5

鲜香汉堡

长久以来，人们普遍认为世上只有四种味道：甜、酸、咸和苦。然而，日本人早就知道还有第五种味道：鲜。"鲜"意味着无尽的美味。某些食材，如成熟的番茄、芳香芝士、咸鲜鳀鱼，抑或橄榄等，天然富含谷氨酸，能激发其他味道，使人在进食时尽享无限愉悦。这款汉堡堪称真正的"鲜美炸弹"，在口腔内爆发，鲜美无比。

圣女果

200克圣女果

适量橄榄油

1头蒜，切片

1片熏制肥猪肉片

2汤匙枫糖浆

100毫升出汁（270页）

6汤匙薄盐酱油

1汤匙鲜味浓缩番茄汁

1~2根龙蒿

少量柠檬汁

圣女果横向对半切开。在平底锅中加热橄榄油，放入蒜、肥猪肉片煸一会，浇上枫糖浆，炒至焦糖色。放入圣女果，翻炒使其焦糖化，接着倒入剩余材料，煮至糖浆状备用。

配料

2根龙蒿

适量有盐黄油

1卷法国夏弗若山羊芝士

200克山羊奶新鲜芝士，常温放置

适量盐

8片熏制肥猪肉片，切超薄的片

1　龙蒿洗净，摘下叶子。

2　切开面包，放入平底锅中，用有盐黄油煎至切面金黄。将面包翻面备用。

3　法国夏弗若山羊芝士切片，每片厚度为2~3厘米，放在不粘锅中双面煎至香脆、金黄。给下层面包平整抹上山羊奶新鲜芝士，放上一些龙蒿叶。

4　将准备好的肉饼放在烤架上，烤至所需的熟度，撒上少量盐。烤好的肉饼放在山羊奶新鲜芝士上，再放上外表烤得香脆的、还温热的法国夏弗若山羊芝士片和肥猪肉片，最后放上还温热的圣女果切片。盖上上层面包，立即上桌。

提示

夏天将番茄冰镇后放在汉堡上，可以带来一种非常清爽的口感。

我们推荐

肉饼混合方式：东海岸混合（62页）

肉饼重量：100克

肉饼烹饪工具：烧烤架

面包类型：土豆面包（20页）

上层面包表面：橄榄干

配菜：薯角（87页）

酒精饮品：奥纳亚乐赛瑞红葡萄酒

无酒精饮品：茴香蜂蜜汤力水

优雅度
6/10

难度
3/5

炸生蚝汉堡

优雅度
5/10

难度
6/5

炸生蚝汉堡

油炸生蚝？没问题！你会因为我们的强烈推荐而感谢我们，但最终可能也会责怪我们。因为一旦传开你在闲暇时间喜欢炸生蚝，可能会导致大家不再邀请你去家里吃饭。一些人会认为你没有航海资格，却喜欢穿着船鞋装腔作势；另外一些人则担心，他们家里的"普通饭菜"无法满足你的味蕾……站在顶端是孤独的。

生蚝

40个生蚝

100克天妇罗粉

2升花生油，用于油炸

半茶匙精磨辣椒粉，中等辣度

1茶匙抗坏血酸

适量海盐

从贝壳中取出生蚝肉，洗净蚝壳碎渣。用细滤网过滤出生蚝汁并保留。将生蚝放在厨房纸巾上，沥干后裹上天妇罗粉，放入热油中炸熟，盛出放在厨房纸巾上沥油。用辣椒粉、抗坏血酸和盐给生蚝调味，之后即可用于配餐。

鸡尾酒酱

200毫升番茄高汤（275页）

4汤匙日式蛋黄酱

少量柠檬汁

1汤匙橄榄油

1汤匙番茄味浓缩番茄汁

适量海盐

将番茄高汤煮至糖浆状，冷却后倒入剩余材料，搅拌均匀。

配料

1个小牛心番茄

适量黄油

1/4朵西蓝花

适量印度酥油

适量海盐

适量苦菊

适量绿叶酢浆草

1 番茄横向切成4片。

2 切开面包，放入平底锅中，用适量黄油煎至切面金黄。

3 西蓝花掰成小朵。在平底锅中加入适量印度酥油，中火煎炒西蓝花，炒至全部香脆，用适量盐调味后即可用于配餐。

4 在下层面包上铺上苦菊和番茄片，抹上鸡尾酒酱。将西蓝花和生蚝混在一起，均匀放在鸡尾酒酱上，用酢浆草叶装饰。盖上上层面包，立即上桌。

提示

可以使用其他贝类代替生蚝，但是我经过仔细考虑，还是建议不要这样做！

我们推荐

肉饼混合方式：油炸生蚝

肉饼重量：100克

肉饼烹饪工具：油炸锅

面包类型：布里欧修面包（22页）

上层面包表面：油炸藜麦

配菜：面条和豌豆（94页）

酒精饮品：夏美利酒庄霞多丽

无酒精饮品：马黛茶

牛油果鸡蛋汉堡

你在寻找一款能迷住素食的人的汉堡吗？这款神奇的牛油果鸡蛋汉堡应该正合你的口味……

牛油果酱

4个富尔特牛油果

半把香菜

1/4把芹菜

适量薄荷叶

1头洋葱，切末

1头蒜，切末

适量橄榄油

2小撮杜卡

2小撮孜然

少许泰国红辣椒，切末

1~2汤匙青柠汁

1汤匙鲜味浓缩番茄汁

适量海盐

适量青柠油

1 牛油果去皮、去核。

2 香菜、芹菜、薄荷叶洗净，甩干。留出一部分香菜，用于配餐。剩余香菜和芹菜、薄荷叶切末。在平底锅中倒入橄榄油，将洋葱、蒜炒香，放入杜卡、孜然和辣椒，翻炒几下，下香菜、芹菜和薄荷叶，略微翻炒。浇上青柠汁和浓缩番茄汁，关火。将所有材料倒入搅拌机中，粗略搅拌后倒入盐和青柠油调味。

荷包蛋

4个鸡蛋

可以将鸡蛋放在温度为64℃的水中，慢煮1小时；或者按照传统方法，将鸡蛋打入碗中，倒入热醋水中煮熟。

配料

1把辣辣菜幼苗

少量柠檬汁

适量橄榄油

适量有盐黄油

适量海盐

1 切碎辣辣菜幼苗。用适量柠檬汁和橄榄油腌制留出的香菜（见"牛油果酱"）和辣辣菜幼苗。

2 切开面包，放入平底锅中，用有盐黄油煎至切面金黄备用。

3 将牛油果酱抹在下层面包上，在涂抹果酱时使用一个圆形凉菜模具，使中间形成一处空白，在空白处放入煮熟的鸡蛋（去壳），撒上调味做法1和盐，立即上桌。

提示

可以在鸡蛋上撒一些碎玉米片，这样可以给汉堡增添一丝脆脆的口感，但要立即上桌。

我们推荐

肉饼混合方式：牛油果和鸡蛋

肉饼重量：140克

肉饼烹饪工具：生食/煮熟

面包类型：土豆面包（20页）

上层面包表面：燕麦片

配菜：火柴棍薯条（86页）

酒精饮品：勋彭酒庄特酿白葡萄酒

无酒精饮品：大黄汁柠檬水

牛油果鸡蛋汉堡

深夜能量汉堡

大家都经历过这样的情况：参加完一场疯狂的派对，在凌晨三点独自回到家中。虽然喝醉了，但是脑袋还清醒，而且饿得要命。想吃个汉堡，但常去的汉堡店早关门了……家里有碎肉、芝士和辣椒吗？你可能要黎明时分才能上床睡觉了！

辣椒

4个红尖椒

适量橄榄油

适量海盐

1头洋葱，切丁

少许蒜，切碎

1茶匙蜂蜜

1汤匙腌姜

100毫升霞多丽醋

少许干白葡萄酒

1~2根迷迭香

少许现磨的天堂椒

1 尖椒纵向切半，去蒂、去子，抹上适量橄榄油，撒上盐，放入预热至230℃的烤箱中烤约15分钟，使尖椒外皮烤黑；或者放在烧烤架上，烤焦外皮。取出辣椒，剥去外皮后，切段。

2 在平底锅中倒入适量橄榄油，炒香洋葱和大葱，接着倒入蜂蜜和腌姜，炒至焦糖色，浇上醋和白葡萄酒，放入迷迭香和天堂椒，一起煮至浓稠。将还热着的辣椒放入汤汁中，放置冷却。

热辣宝贝辣椒酱

150毫升芝士汤（273页）

1汤匙鲜味浓缩番茄汁

4个蛋黄

250克黄油

1汤匙橄榄油

适量海盐

少许柠檬汁

1茶匙酸奶油

少许泰国红辣椒，切末

芝士汤煮至像糖浆一样浓稠。加入浓缩番茄汁，与蛋黄一起隔热水打发至起泡。同时，将黄油和橄榄油倒入平底锅中烧至熔化，慢慢倒入蛋黄糊中，用打蛋器搅拌，直至形成均匀的酱汁。用盐、柠檬汁、酸奶油和泰国红辣椒调味。常温放置，备用。

配料

适量盐

适量胡椒碎

4片易熔芳香芝士

1个墨西哥哈拉皮纽辣椒，切成细圈

1把辣辣菜幼苗

1 切开面包，放入平底锅中，干煎至切面金黄。将面包翻面备用。

2 给下层面包抹上热辣宝贝辣椒酱。将准备好的肉饼放在烤架上，双面烤至所需的熟度，不要忘记撒上盐和胡椒碎。

3 把4块肉饼上各放1片芝士，放入热

烤箱中熔化芝士，也可使用喷火枪使其熔化。在下层面包上放上1块肉饼，摆上辣椒，接着再放1块肉饼，最后淋上热辣宝贝辣椒酱，放上墨西哥辣椒圈和辣辣菜幼苗。盖上上层面包，立即上桌。

提示

如果辣椒酱凝固，可以加入一些凉水使其再次变稠。

我们推荐

肉饼混合方式：2份脂肪冠军（62页）

肉饼重量：2×100克

肉饼烹饪工具：烧烤架

面包类型：土豆面包（20页）

上层面包表面：芝麻

配菜：黄瓜和莳萝（94页）

酒精饮品：阿根廷马尔贝克葡萄酒

无酒精饮品：黄瓜甜瓜拉西酸奶奶昔

牙买加风味汉堡

在加勒比地区，肉和鱼通常会用所谓的"Jerk spice"（牙买加特色腌料）调味。这种干腌料自己很容易做。这里提供一个不太辣的版本。如果想更接近原始口味，还可以额外添加苏格兰帽椒，但要注意，这样会非常辣。

牙买加特色干腌料

2汤匙洋葱粉

1汤匙黑砂糖

1汤匙海盐

1.5茶匙多香果，磨粉

半茶匙肉桂子，磨粉

1茶匙红椒粉，微辣

半茶匙荜茇，磨粉

1/4茶匙塔斯马尼亚胡椒，磨粉

2根柠檬百里香

前8种材料放在平底锅中，小火干炒。摘下百里香叶，切末。所有材料混合磨粉。磨好后储存在玻璃密封罐中备用。

牙买加特色酱汁腌料

4汤匙干腌料（见上文）

50克新鲜菠萝，切成小块

1头小洋葱，切细丁

1头蒜，切末

1/4把新鲜香菜，切碎

2小撮香菜子，磨粉

1个青柠，榨汁

1个橙子，榨汁

1茶匙酱油

1~2小撮鸟眼辣椒粉

1茶匙蜂蜜

3~6汤匙葵花子油

如果需要，可添加适量基础质地膏

除了油以外的其他所有材料放在搅拌机中打成泥，慢慢倒入油。酱太稀的话，可以加入适量基础质地膏。冷藏储存。

黄瓜洋葱酸辣酱

1根黄瓜

1头小红洋葱

1/4个苹果，粉红女士品种

半茶匙蜂蜜芥末酱

适量柠檬

适量浅色香醋

黄瓜去皮，切半，去子，再切成小丁。洋葱和苹果也去皮，切成小丁。黄瓜、洋葱和苹果拌在一起，用剩余材料调制成酸甜口味，冷藏备用。

鱼翅

600克人造鱼翅

适量海盐

人造鱼翅分成小份。在牙买加特色干腌料（见上文）中腌制至少6小时，放在烤架上，两面烤至所需的熟度。如有需要，可以再次刷上酱汁腌料并稍微撒点儿盐调味。

配料

适量椰子黄油

4汤匙瑞可塔芝士青柠蛋黄酱（78页）

适量苦菊

适量罗马生菜菜心

1个黄色番茄，切片

1~2根茴香茎叶或莳萝，切段

切开面包，在切面刷上适量椰子黄油，放在烤架上烤好备用。下层面包抹上蛋黄酱，依次放上生菜叶、番茄片、人造鱼翅段、黄瓜洋葱酸辣酱和茴香茎叶、苦菊。盖上上层面包，立即上桌。

提示

可以使用鸡胸肉替代人造鱼翅。如果有真空封口机，强烈建议使用它来腌制人造鱼翅。

优雅度 5/10　难度 3/5

培根勋爵汉堡

真正的绅士会保持沉默，享受美食。但毫不夸张地说，我们认为客人之所以沉默，不是出于卓越的礼仪，更可能是对美食的敬畏。好吧，无论如何，培根肉酱将在冰箱里获得一席之地。

培根肉酱

400克烟熏培根

2头洋葱，切丁

2头蒜，切碎

半茶匙红椒粉，辣

1/4茶匙荜澄茄粉

70克黑砂糖

70毫升枫糖浆

1汤匙原味浓缩番茄汁

1汤匙鲜味浓缩番茄汁

80毫升混浊苹果汁

40毫升深色香醋

80毫升因陀罗啤酒（Indra）

80毫升波本威士忌

1 培根切粗丁，入平底锅中大火煎炒至出油。

2 倒出一些油，在锅中加入洋葱丁、蒜、红椒粉、荜澄茄粉和糖，翻炒片刻。浇上枫糖浆、两种浓缩番茄汁、苹果汁和香醋，煮至糖浆状。加入啤酒和波本威士忌，继续熬煮，直到形成浓稠的肉酱。如有需要，可调味。最后装进玻璃罐中，冷藏备用。

注：这份食谱的分量比较大，因为将培根肉酱密封，放入冰箱可以保存数周。下次吃汉堡的时候绝对用得上！将它直接抹在新鲜的黄油面包上也很美味。

配料

4汤匙基本番茄酱（72页）

1茶匙烟熏液

适量海盐

适量黄油

适量胡椒碎

1~2根腌黄瓜，切长片

2汤匙芥末蛋黄酱

1~2个圣马扎诺番茄，切片

1头红洋葱，切成圈

8~12片烤培根（274页）

1 用烟熏液给番茄调味，如有需要，还可添加适量盐调味。

2 切开面包，在切面抹上适量黄油，放在烤架上烤好备用。

3 给下层面包抹上番茄酱。将准备好的肉饼放在烤架上，双面烤至所需的熟度。不要忘记撒上盐和

胡椒碎调味。

4 在下层面包上依次放上肉饼、黄瓜片、蛋黄酱、番茄片、洋葱圈、培根肉酱和烤培根。盖上上层面包，立即上桌。

提示

可以根据个人喜好决定培根肉酱的量。按照我们的经验，肉酱越多越好。

我们推荐
肉饼混合方式：脂肪冠军（62页）
肉饼重量：300克
肉饼烹饪工具：烧烤架
面包类型：土豆面包（20页）
上层面包表面：芝麻
配菜：薯条/鞑靼蛋黄酱（86页、77页）
酒精饮品：奔富蔻兰山设拉子红葡萄酒
无酒精饮品：可乐加冰和青柠气泡水

优雅度
8/10

难度
3/5

龙虾汉堡

如果你突然想吃龙虾了，或者你常去的美食店今天提供龙虾特色餐，或者都不是，但无论如何，你准备了两只煮熟的龙虾，现在正在寻找合适的烹饪方法，那么这道汉堡将给你提供难忘的美味。

龙虾

2只龙虾，剥好肉

适量有盐黄油

1头蒜，压碎

2根龙蒿

微量柠檬汁

适量海盐

将龙虾肉切成大块。在锅里用烧至起泡的黄油炒龙虾肉，取出后放入蒜和龙蒿，用适量柠檬汁和盐调味，之后即可用于配餐。

荷兰龙蒿酸辣酱

半把龙蒿

2汤匙霞多丽醋

2汤匙白葡萄酒

2汤匙苦艾酒

少许蒜，切碎

3粒多香果

3个蛋黄

250克黄油

1小撮海盐

微量柠檬汁

1 龙蒿洗净，摘下叶子。

2 将醋、白葡萄酒、苦艾酒和蒜、龙蒿杆及捣碎的多香果倒入锅中煮开，稍微收汁，挑除龙蒿杆。将煮好的汤汁与蛋黄一起隔热水打发至奶油状。与此同时，在锅中熔化黄油，分次倒入打发好的蛋黄糊中，搅拌至酱汁均匀顺滑。将龙蒿叶切碎，拌入酱汁中。最后用盐和柠檬汁调味，保温备用。

糖渍番茄

2个番茄，去皮、去子

1汤匙基本番茄酱（72页）

少许泰国红辣椒，切末

1茶匙蔗糖

1茶匙鲜味浓缩番茄汁

微量柠檬汁

适量海盐

番茄切碎，加入剩余材料，搅拌均匀，即可做成糖渍番茄。

西蓝花

1/4个西蓝花，切小朵

2汤匙印度酥油

适量海盐

微量坚果油

在平底锅中加入酥油，将西蓝花煎至外层酥脆，用适量盐和坚果油调味，之后即可用于配餐。

我们推荐

肉饼混合方式：半只龙虾

肉饼重量：越重越好

肉饼烹饪工具：平底锅

上层面包表面：——

面包类型：布里欧修面包（22页）

配菜：火柴棍薯条（86页）

酒精饮品：堡林爵桃红香槟

无酒精饮品：葡萄柚味汽水或梨汁

配料

适量黄油

1把辣辣菜幼苗

切开面包，放入平底锅中，用适量黄油煎至切面金黄备用。给下层面包抹上适量荷兰龙蒿酸辣酱和糖渍番茄，依次放上西蓝花、龙虾、荷兰龙蒿酸辣酱、炒过的龙蒿和辣辣菜幼苗。盖上上层面包，立即上桌。

冬日仙境鹿肉汉堡

制作这款汉堡的难度不单单是食谱本身，更难的是找到优质鹿肉……在中国，只有养殖鹿肉才可以吃。

杏

5个杏

1汤匙蜂蜜

半汤匙枫糖浆

4粒肉桂子

2个八角

3汤匙浅色香醋

100毫升橙汁

2汤匙苦艾酒

2汤匙杏酱

适量橙皮

适量黄油

1茶匙姜油

适量柠檬汁

1 杏去核，纵向分成4份，横向切半。

2 将蜂蜜和枫糖浆倒入深口平底锅中，炒至焦糖色，放入肉桂子和八角，浇上香醋熬煮，接着倒入橙汁和苦艾酒，下入杏酱和橙皮，小火煮至稍微收汁。关火，加入杏肉块，浸泡吸汁，用黄油、姜油和适量柠檬汁调味，放置备用。

香菇

12朵香菇

适量印度酥油

适量薄盐酱油

100毫升酱金牌黑酱或鱼肉高汤（271页）

2小撮现磨的塔斯马尼亚胡椒

香菇洗净，纵向成4份。用适量酥油大火快速煎使其外表酥脆，浇上少许酱油和黑酱，收汁，撒上胡椒碎，之后即可用于配餐。

法香蛋黄酱

1把法香

3汤匙基本蛋黄酱（72页）

微量柠檬汁

适量海盐

摘好一些法香叶用于配餐。剩余的法香叶切末，将所有材料放入搅拌机中搅打至非常细腻，调味后冷藏备用。

配料

适量黄油

适量油

适量盐

适量胡椒碎

4~8片风干火腿，切得非常薄

100克切达芝士，纵向刨丝

适量法香叶（做法香蛋黄酱时已经留出备用，见上文）

适量葵花子芽苗菜

1 切开面包，放入平底锅中，用适量黄油煎至切面金黄备用。

2 下层面包抹上适量法香蛋黄酱。在平底锅中倒入适量油，将准备好的鹿肉饼煎至所需的熟度。不要忘记撒上盐和胡椒碎调味！

3 在下层面包上放上鹿肉饼、火腿、切达芝士、香菇和杏肉，用法香叶和葵花子芽苗菜装饰。盖上上层面包，立即上餐。

提示

可以用桃代替杏肉，也可以用培根代替，培根搭什么都合适。

我们推荐

肉饼混合方式：鹿肉饼（64页）

肉饼重量：100克

肉饼烹饪工具：平底锅

面包类型：布里欧修面包（22页）

上层面包表面：碧根果仁

配菜：火柴棍薯条和腌菜花（86页、98页）

酒精饮品：安东尼庄园经典基昂第珍藏干红葡萄酒

无酒精饮品：蜂蜜热茶

优雅度 5/10　难度 3/5

厄尔卡布隆希多汉堡

"厄尔卡布隆希多"在西班牙语中本义是年幼的公山羊，但在墨西哥俚语中则是指"伙计"或"混蛋"——这取决于具体情境。这个汉堡用的是香辣牛肉，绝对值得一试。

香辣牛肉

600克三角肉

适量橄榄油

1头红洋葱，切丁

1~2根胡萝卜，切丁

1~2头蒜，切碎

3小撮杜卡

2小撮孜然，磨粉

1小撮肉桂粉

半个辣椒，切末

100毫升过滤后的番茄酱

2~3个番茄，去皮、去子，切块

100毫升酱金牌黑酱

半根煮熟的玉米

3汤匙红腰豆

适量海盐

1 牛肉分成两半，一半切成小丁，另一半打成肉末（最好用4毫米或5毫米的绞肉机孔板）。在锅中加热橄榄油，高温煎炒牛肉，加入洋葱、胡萝卜和蒜，继续翻炒，撒上杜卡、孜然和肉桂粉，放入辣椒，稍微翻炒。

2 接着倒入番茄酱、番茄块和黑酱，盖上盖子，用中火炖至牛肉烂熟。在炖煮过程中，不时加入适量水并适时搅拌。在快要炖熟时，收汁，然后加入玉米和豆子，用盐调味，盖上锅盖放在一边备用。

配料

2汤匙基本番茄酱（72页）

适量胡椒碎

适量盐

150克切达芝士，纵向刨丝

1~2个番茄，切片

150克酸奶油

1 切开面包，在烧烤架上将切面烤至金黄，保温备用。

2 下层面包抹上适量番茄酱。

3 将准备好的肉饼在烤架上烤至所需的熟度。不要忘记撒上盐和胡椒碎调味，否则即便是最好的肉饼尝起来也索然无味……

4 在肉饼上放足量的切达芝士，盖上烤架盖子或使用芝士罩（54页）使芝士略微熔化。

5 在下层面包上放番茄片，倒上酸奶油，接着放上肉饼和香辣牛肉。盖上上层面包，立即上桌。

提示

喜欢新鲜香菜的人可以在做香辣牛肉时加入一些香菜，或者搭配一份用橄榄油和柠檬汁调味的牛油果香菜沙拉。想吃到更正宗味道的话，可以在香辣牛肉中加入一些安丘辣椒。顺便说一下，培根与这款汉堡也非常搭。

我们推荐

肉饼混合方式：东海岸混合（62页）

肉饼重量：150克

肉饼烹饪工具：烧烤架

面包类型：土豆面包（20页）

上层面包表面：面粉

配菜：炸洋葱圈（89页）

酒精饮品：用凯尔弗特基拉酒调制的玛格丽特或中级庄园红磨坊庄园的红葡萄酒

无酒精饮品：一杯新鲜山羊奶

优雅度
9/10

难度
3/5

蔬萃芝士汉堡

今天要吃丰盛的素食大餐吗？选择素食生活的人并不意味着他们对享受美食没有兴趣。这款汉堡和甜菜根的绝妙搭配，在蜂蜜和调味品的加持下，尝起来完全没有泥腥味。至于裹着面包糠的莫尔碧叶芝士（一种半硬质的芳香切片芝士），我们特地为它调制了一款"调皮的"洋葱橙子酸辣酱作为玩伴。

甜菜根

2~3个甜菜根，煮熟、切丁

适量葵花子油，用于煎烤和油炸

适量海盐

1头小洋葱，切丁

少许孜然，磨粉

少许荜澄茄，磨粉

2汤匙蜂蜜

50毫升浅色香醋

200毫升灯笼果汁

1汤匙灯笼果果酱

3串灯笼果，摘下果子

1 在平底锅中加热油，快速炸好甜菜根丁，捞出放在厨房纸巾上沥油，撒上盐。

2 在平底锅中用油炒香洋葱，加入孜然和荜澄茄快速翻炒，倒入蜂蜜炒至焦糖色，浇上醋后收汁。倒入灯笼果汁和灯笼果果酱，再次收汁，下入甜菜根和灯笼果，盖上盖子，放置备用。

莫尔碧叶芝士

1个鸡蛋

适量海盐

2小撮克什米尔咖喱粉

4块各重100克的莫尔碧叶芝士

100克面粉

100克日式面包糠

2汤匙花生油

将蛋黄搅拌均匀，用盐和咖喱粉调味。芝士块先沾裹上面粉，再裹上蛋黄，最后滚上日式面包糠，入热花生油锅中炸至金黄。捞出后放在厨房纸巾上沥油，即可用于配餐。

洋葱橙子酸辣酱

1盒金橘

3头洋葱，切丁

1头蒜，切末

适量菜籽油

1汤匙蜂蜜

2~3块糖渍姜，切丁

100毫升米醋

100毫升橙汁

2汤匙姜汁

3个橙子，榨汁和刨皮

2个杏，去核、切成小块

1茶匙蜂蜜芥末酱

适量海盐

摘掉金橘的干叶子，洗净并对半切开。在平底锅中用菜籽油炒香洋葱和蒜，加入蜂蜜和糖渍姜炒至焦糖色，倒入米醋、橙汁和姜汁煮至糖浆状，加入剩余材料，盖上锅盖，中火煮至浓稠状态。如有需要，可再次调味。完成后盖好盖子，冷藏备用。

我们推荐

肉饼混合方式：莫尔碧叶芝士

肉饼重量：100克

肉饼烹饪工具：平底锅

面包类型：土豆面包（20页）

上层面包表面：葵花子和黄豆仁

配菜：茴香头（99页）

酒精饮品：瓦格纳·斯坦普酒庄西弗斯海姆村产的威斯堡格德

无酒精饮品：咸味脱脂牛奶

配料

适量芽苗菜

适量有盐黄油

1个富尔特牛油果

适量橄榄油

适量海盐

200克斯美塔那酸奶油

适量苦菊

适量青铜茴香

1 芽苗菜切好。

2 切开面包，涂抹上有盐黄油，放在烤架上烤至金黄备用。

3 牛油果纵向切成4份，去皮、去核，涂上适量橄榄油，放在烧烤架上，双面烤至金黄色，撒上盐。

4 下层面包平整抹上打发酸奶油，放上苦菊、芽苗菜、茴香、牛油果，倒上洋葱橙子酸辣酱，放上莫尔碧叶芝士块和甜菜根。盖上上层面包，立即上桌。

戏剧风暴汉堡

优雅度
6/10

难度
3/5

戏剧风暴汉堡

为给汉堡增添必要的魅力，我们选用了不易获得的野生芦笋，它可以说是芦笋界最好吃的品种了。

配料

1把野生芦笋

适量黄油

适量海盐

1小撮蔗糖

4个鹌鹑蛋

适量胡椒碎

4汤匙斯卡莫扎芝士或波洛夫罗芝士，刨丝

4汤匙松露蛋黄酱（76页）

适量生菜叶

1~2块新鲜松露

半汤匙现磨的天堂椒，粗粒

1　将芦笋洗净，在平底锅中熔化黄油，加入1小撮盐和糖，轻轻翻炒芦笋，加入少许水，继续翻炒，直到加入的水蒸发掉并且芦笋略带焦糖色，放置备用。

2　切开面包，放入平底锅中，用适量黄油和盐煎至切面金黄色，翻面备用。

3　在平底锅中加入适量黄油，煎荷包鹌鹑蛋。

4　将准备好的肉饼放在烤架上，双面烤至所需的熟度。不要忘记撒上盐和胡椒碎。肉饼翻面后，立刻在肉饼表面放上斯卡莫扎芝士，让它稍微熔化。

5　下层面包上涂抹足量的松露蛋黄酱，依次摆上一些生菜叶、肉饼、卷在一起的芦笋和煎蛋。将刨削好的新鲜松露薄片覆盖在上面，最后撒上新鲜研磨的天堂椒，摆上上层面包。立即上桌。

提示

要是找不到野生芦笋，虽然有点遗憾，但可以使用绿芦笋代替。无论是泰国芦笋还是德国绿芦笋都可以，关键是要使用当季芦笋，这样做出来的汉堡味道才最好。在上层面包的内侧涂抹一些松露蛋黄酱可以让味道更加完美。

我们推荐

肉饼混合方式：东海岸混合（62页）

肉饼重量：50克

肉饼烹饪工具：烧烤架

面包类型：土豆面包（20页）

上层面包表面：芝麻

配菜：小麦和牛油果（92页）

酒精饮品：圣哲曼鸡尾酒（香槟、接骨木花利口酒和柠檬汁混合调制）

无酒精饮品：矿泉水，中等碳酸含量，加入少许接骨木汁

鸡蛋鞑靼牛肉汉堡

在咬下溏心蛋黄和细嫩的鞑靼肉饼时，我们会忘记所有不重要的问题，陶醉在对鸡蛋、牛肉、芥末和其他尘世间美食的享受中。我们不知道自己为何存在于世上，但我们确实存在并且有美味的汉堡陪伴，这就足够了。

我们推荐

肉饼混合方式：鞑靼肉饼（64页）

肉饼重量：最多100克

肉饼烹饪工具：平底锅

面包类型：土豆面包/红色
（20页、37页）

上层面包表面：芝麻

配菜：腌渍甜豆（96页）

酒精饮品：圣迪娜赤霞珠桃红葡萄酒

无酒精饮品：苹果甜菜汁

帕玛森芝士薄脆

100克帕玛森芝士

用擦丝器将帕玛森芝士擦至细碎，或放进搅拌机中搅打成细末。在不粘锅中用模具将帕玛森芝士碎固定成型，用中火煎至酥脆。模具只是用来塑形的，不一定要放在锅中。当帕玛森芝士底部煎得金黄酥脆、可以轻松在锅中移动时翻面，并将另一面同样煎至酥脆。取出后放在厨房纸巾上冷却，备用。

鸡蛋沙拉

8个鸡蛋

1汤匙腌渍的酸豆，带腌渍汁

适量海盐

将鸡蛋煮6.5分钟，煮至蛋黄内部仍是液体，但蛋白完全凝结。分开蛋白和蛋黄。腌渍的酸豆粗略剁碎。蛋白切块。将蛋黄搅拌均匀，倒入盐和酸豆腌渍汁调味，拌入蛋白。盖好，放置备用。

芥末蛋黄酱

3汤匙基本蛋黄酱（72页）

1汤匙酸奶油

1茶匙第戎芥末酱

半茶匙粗粒芥末酱

半茶匙粗粒甜芥末酱

适量霞多丽醋

适量海盐

将所有材料倒在一起搅拌均匀，调制成辛酸口味的芥末蛋黄酱。

配料

200克菠菜苗

适量橄榄油

适量海盐

适量胡椒碎

适量黄油

1汤匙酸豆

适量大葱，切成葱花

适量芥菜苗

4片烤培根（274页）

1 在热锅中用适量橄榄油快速翻炒菠菜，加入盐和胡椒碎调味。盛出放在厨房纸巾上沥干备用。

2 切开面包，放入平底锅中，用黄油煎至切面金黄备用。

3 在平底锅中倒入适量油，将鞑靼肉饼双面（用大火）快速煎至酥脆，立即从锅中取出配餐。不要忘记撒上盐和胡椒碎调味。

4 给下层面包涂抹上芥末蛋黄酱，依次放上菠菜、塔塔肉饼、帕玛森芝士薄脆和鸡蛋沙拉，用酸豆、葱花、芥菜苗和培根装饰。盖上上层面包，立即上桌。

提示

鞑靼肉饼两面都煎至金黄酥脆时，味道最好。不喜欢吃生肉的人可以按照传统方式煎熟肉饼。为了使帕玛森芝士薄脆变得平整，可以在第一次翻转后盖上一张烘焙纸，然后把锅压在上面。帕玛森芝士薄脆冷却后应存放在密封容器中，防止变潮。

鸡蛋鞑靼牛肉汉堡

优雅度
6/10

难度
4/5

英雄早餐汉堡

我们吃的食物决定我们度过怎样的一天，不是吗？如果我们不用鸡胸肉、番茄和培根开始新的一天，又怎么能完成昨日醉酒时高声许下的豪言壮语呢？没错，根本不可能！

茅屋芝士酱

半把混合香草植物，用来做绿色酱汁

2汤匙酸奶油

200克茅屋芝士

适量海盐

少许芥末

微量柠檬汁

将香草切末，和酸奶油一起倒入搅拌机中搅打成细泥。放入茅屋芝士和其余材料，制成味道鲜美浓郁的茅屋芝士酱。

番茄

4~8片牛心番茄

适量橄榄油

1小撮海盐

2小撮糖

将番茄片放在一张烤垫上，用橄榄油、盐和糖调味，放入62℃的烘干机中烘干约4小时，接着放在烧烤架上，双面烤脆，备用。

烤鸡胸肉

4块鸡胸肉

适量橄榄油

1小撮海盐

1小撮红椒粉

1 将鸡胸肉的皮从肉上剥离，用一把锋利的刀去除皮底部的油脂，只保留皮即可。

2 将鸡皮夹在两张烤垫或烘焙纸之间，涂上适量橄榄油并撒上盐，在160℃的烤箱中烤约12分钟，将鸡皮烤脆。取出后放在厨房纸巾上备用。

3 用适量盐和红椒粉给鸡胸肉调味，然后放在烧烤架上烤至双面金黄，再以小火继续煨熟，使肉质软嫩。将鸡胸肉切片，即可用于配餐。

配料

4片培根，武尔卡诺牌

适量黄油

4~6个鸡蛋

适量海盐

适量现磨的黑胡椒碎

1个圣马扎诺番茄，切片

3汤匙基本番茄酱（72页）

适量生菜叶

适量豌豆苗

1 在烧烤架上烤脆培根，加盐、胡椒碎，之后放在厨房纸巾上沥油，备用。

2 切开面包，放入平底锅中，用黄油煎至切面金黄色备用。

3 给下层面包涂抹上茅屋芝士酱。

4 鸡蛋打匀，用盐和胡椒碎调味，倒入烧至起泡的黄油中做成炒蛋，即可用于配餐。

5 将牛心番茄、适量番茄酱、生菜叶、烤好的鸡胸肉、番茄片、豌豆苗、炒鸡蛋、培根和脆鸡皮依次放在茅屋芝士上面。盖上上层面包，立即上桌。

提示

除了使用烘干机外，也可以将烤箱温度设定为90℃左右，使用循环热风模式烘烤番茄片，此时烤箱门需留一条小缝。

我们推荐

肉饼混合方式：鸡胸肉

肉饼重量：100克

肉饼烹饪工具：烧烤架

面包类型：布里欧修面包（22页），特别情况下可使用小面包代替

上层面包表面：南瓜子

配菜：薯条（86页）

酒精饮品：——

无酒精饮品：拿铁玛奇朵或真果橙子思慕雪

优雅度
6/10

难度
4/5

曼谷鱼饼猪肉汉堡

乍一看，这份食材清单一团混乱，杂乱无章。芒果、蒜香猪腩，再加上鱼露？别担心，这个看上去荒谬的组合会变成天才般的搭配。

猪腩肉

70克海盐
30克蔗糖
10毫升酱油
少许蒜，切碎、烤香
1升凉水
400克猪腩肉（杜洛克猪）

1 前5种材料倒入水中制成腌料。猪腩肉放入腌料中，冷藏至少12小时。将猪腩肉放在烤网上，带皮的一面朝上，在140℃的烤箱中烘烤3~4小时。猪腩肉的厚度不同，烹饪时间有所不同，需要不时检查肉的熟度和表面的烤炙情况，相应地缩短或延长烘烤时间，确保做好的猪腩肉软嫩多汁、酥脆可口。

2 在肉快熟透前，可根据需要将猪腩肉再次放入160℃的烤箱中烤炙20分钟，让表面更酥脆金黄。然后取出肉，切成大小相同的肉块，即可用于配餐。

青芒果沙拉

2个青芒
1小撮海盐
1~2茶匙蔗糖
半茶匙姜，擦成末
1个百香果，榨汁
微量青柠汁

芒果去皮去核，纵向擦丝，用剩余材料将芒果腌渍至少2小时，备用（如果买不到青芒果，胡萝卜也是非常不错的选择）。

鱼露

2头蒜，切末
适量花生油
50毫升鱼露
50毫升味滋康米醋
50毫升水
3汤匙蔗糖
1/4根泰国红辣椒，切末
2个青柠，榨汁
适量基础质地膏（也可以使用其他结冷胶，但需要注意，太多结冷胶会改变食物的味道）

在平底锅中用花生油将蒜炒至金黄色，加入鱼露、醋、水和糖，煮沸后熄火，加入辣椒即可。将做好的酱料冷藏。在使用前加入青柠汁，用适量基础质地膏勾芡。

配料

适量黄油
100克金针菇
适量橄榄油
适量海盐、胡椒碎
2汤匙百香果蛋黄酱（75页）

我们推荐

肉饼混合方式：白鱼肉饼（65页）
肉饼重量：100克
肉饼烹饪工具：平底锅
面包类型：土豆面包（20页）
上层面包表面：椰丝
配菜：豆子和蒜（88页）
酒精饮品：纯金酒搭配芬提曼印度汤力水和葡萄柚皮
无酒精饮品：芒果青柠汁

半个芒果，切片
半根尖椒，切细圈
16个甜豆，焯水烫熟
2~3根泰国罗勒
适量薄荷叶

1 切开面包，放入平底锅中，用黄油煎至切面金黄。

2 锅中加入适量橄榄油，用大火快速煎炒金针菇，加入适量盐调味。

3 给下层面包抹上鱼露。在不粘锅中倒入适量油，将准备好的肉饼两面煎至所需的熟度，撒上盐和胡椒碎。依次将肉饼、蛋黄酱、芒果片、金针菇、尖椒圈、甜豆、青芒果沙拉、猪腩肉、罗勒叶和薄荷叶放在下层面包上。盖上上层面包，立即上桌。

提示

如果没有不粘锅，在煎肉饼时可以在锅和肉饼之间放一张烘焙纸，并稍微调高温度。如果没有基础质地膏，可以大幅度减少配方中鱼露的用量，在最后完成收汁后，用青柠汁调味，拌入蛋黄酱中，搅拌均匀。

摇滚明星蔬萃汉堡

放弃碳水化合物是一种有效的减肥方法。无论出于何种原因被要求做没有面包的汉堡，我们都能给出合适的解决方案，只要使用适合的生菜叶即可，口感上也很不错。

鹰嘴豆泥

250克干鹰嘴豆

1汤匙小苏打

2头白洋葱，切丁

3头蒜，切丁

50毫升橄榄油

适量海盐

半根泰国红辣椒，切圈

140克芝麻酱

30毫升柠檬汁

20克黄油

1 将鹰嘴豆和半茶匙小苏打倒入一个大碗中，用凉水浸泡过夜。第二天将水倒掉，并在流水下冲洗鹰嘴豆。

2 在一个大锅中加入1汤匙橄榄油，放入洋葱和蒜炒至透明，加入鹰嘴豆、剩余的小苏打、适量盐和辣椒，在锅中加入凉水，水位盖过鹰嘴豆，水煮开后调至中火煮2~3小时，把鹰嘴豆煮软。煮好后滤出煮鹰嘴豆的水，不要倒掉，留用。

3 将鹰嘴豆、芝麻酱、柠檬汁、黄油、盐及剩下的橄榄油放入搅拌机中搅打成非常细腻的泥。加入适量煮鹰嘴豆的水，搅拌均匀成奶油质地。最后再次调味，确保味道浓郁、微酸，之后即可趁热配餐。顺便一提，购买现成的瓶装鹰嘴豆完全没问题！

糖渍番茄

2个番茄，去皮、去子

1汤匙基本番茄酱（72页）

少许泰国红辣椒，切末

1茶匙蔗糖

1茶匙鲜味浓缩番茄汁

微量柠檬汁

适量海盐

番茄切碎，加入剩余材料搅拌均匀，即成糖渍番茄。

蔬菜

2个樱桃萝卜

1~2根胡萝卜

1/4个富尔特牛油果

4根甜豆，焯水烫熟

1~2根大葱

适量欧芹叶

4朵香菇，切半

50克金针菇

几小朵西蓝花

几小朵菜花

适量印度酥油

适量混合芽苗菜

适量海盐

1小撮肉蔻衣

1汤匙柠檬汁

1 樱桃萝卜切薄片。胡萝卜去皮，纵向刨丝，备用。牛油果切半，去核、去皮后再切成片。

2 甜豆对角斜切，备用。大葱切成4段。将香菇、金针菇、西蓝花、菜花和葱段入平底锅中用酥油煎至外表金黄，加入芽苗菜并稍微翻炒。用适量盐、肉蔻衣和柠檬汁调味，备用。

配料

8片中等大小的生菜叶（生菜或苦苣）

2汤匙柠檬汁

适量橄榄油

2小撮蔗糖

1小撮海盐

取两片生菜叶叠放在一起，倒上鹰嘴豆泥和糖渍番茄。根据个人喜好摆放好蔬菜，然后用柠檬汁、橄榄油、糖和盐调制一份腌料，把腌料倒在完成的"汉堡"上，立即享用。

我们推荐

肉饼混合方式：各种蔬菜

肉饼烹饪工具：生食

面包类型：生菜叶

上层面包表面：——

配菜：薯塔（87页）

酒精饮品：普罗旺斯米拉沃桃红葡萄酒，来自朱莉-皮特家族与佩兰家族酒庄

无酒精饮品：甜咸味脱脂牛奶，这样可另外补充一份蛋白质

优雅度
5/10

难度
4/5

BU原创汉堡

明星厨师丹尼尔·布吕德（Daniel Boulud）曾在其位于纽约曼哈顿的传奇餐厅DB现代小馆（DB Bistro Moderne）创下世界上最昂贵汉堡的记录。虽然现在有更贵的汉堡，但他的"DB原创汉堡"使用高度和宽度一致的短肋肉饼，肉饼中心还包裹着鹅肝，成为经典中的经典。我们受其产品的启发，进行了一种有趣的改变，使用如黄油般软嫩的牛臀肉搭配松露蛋黄酱，希望这款汉堡也能成为经典之作。

我们推荐
肉饼混合方式：东海岸混合（62页）
肉饼重量：100克
肉饼烹饪工具：烧烤架
面包类型：布里欧修面包（22页）
上层面包表面：——
配菜：芦笋和芝麻（95页）
酒精饮品：雨博酒庄斯泊园老藤佳酿黑皮诺红葡萄酒
无酒精饮品：常温鹿梨汁

红葱头

12头红葱头

1头蒜，压碎

适量橄榄油

1汤匙蔗糖

2汤匙蜂蜜

3~4枝百里香

50毫升赤霞珠醋

50毫升波尔图葡萄酒

700毫升樱桃汁，莫雷洛樱桃（Morellenfeuer）

适量海盐

适量塔斯马尼亚胡椒碎

红葱头剥皮，整个放入锅中，和蒜一起用适量橄榄油煎炒至金黄色。倒入糖和蜂蜜，炒至焦糖色。加入百里香，浇上醋和波尔图葡萄酒，收汁至糖浆状。浇上樱桃汁，加入适量盐，盖上锅盖煮至红葱头软硬适中。将红葱头从酱汁中捞出，继续将酱汁煮至浓稠，然后再加入胡椒碎和红葱头。用保鲜膜盖好，放凉即可。

美国牛臀肉

600克美国牛臀肉

2汤匙黄油

10克腌渍的松露

适量海盐

将牛臀肉清洗干净，与其他材料一起放入真空袋中，进行真空密封，在55℃的水中或蒸箱中蒸煮5~6小时。接着在肉的表面均匀撒上盐，放在烧烤架上用大火迅速烤炙所有面（也可以将牛臀肉与所有调味料一起包裹在铝箔纸中，放入预热至70℃的烤箱使用循环热风模式烤炙2~3小时。烤好后，同样放到烧烤架上迅速烤炙）。

有机鸭肝

1份有机鸭肝，治净

适量面粉

适量油

适量海盐

将鸭肝切成4片，撒上少许面粉，冷冻3小时。在平底锅中加热适量油，将鸭肝两面煎至金黄色。撒上盐，即可用于配餐。

松露蛋黄酱

1朵蘑菇

2朵牛肝菌

适量印度酥油

适量海盐

1汤匙腌渍的松露

4汤匙基本蛋黄酱（72页）

两种蘑菇洗净，切成碎末，用适量酥油和盐在平底锅中炒至酥脆，放置冷却。腌渍的松露切末。将所有材料一起搅拌，做成松露蛋黄酱。

配料

适量黄油

1 切开面包，放入平底锅中，用黄油煎至切面金黄备用。

2 给下层面包抹上松露蛋黄酱。牛臀肉分成厚厚的4片，在每块抹着松露蛋黄酱的面包上放1片。依次摆上鸭肝和红葱头。盖上上层面包，立即上桌。

提示

喜欢吃肉的朋友，可以尝试一下和牛的牛臀肉。

丛林蔬萃牛肉汉堡

这款没有小麦面包的汉堡也很不错，一片结实的蔬菜叶子就可以取而代之。

黄瓜酱

1枝龙蒿

2头红葱头，切丁

半头蒜，切碎

1汤匙橄榄油

半茶匙芥末子

少许第戎芥末酱

半茶匙蜂蜜

1/4个中辣辣椒，切碎

80毫升浅色香醋

1~2根黄瓜，去皮、去子、切丁

1汤匙柠檬汁

1茶匙细香葱，切细圈

适量海盐

1 龙蒿洗净，摘下叶子，切碎。

2 在锅中用橄榄油炒香红葱头和蒜，加入芥末子、芥末和蜂蜜，炒至焦糖化。接着加入辣椒，倒入醋煮至糖浆状，然后下黄瓜丁，稍微炖煮片刻，使水分蒸发、汤汁浓缩。用柠檬汁、细香葱、龙蒿和盐调味，盖好冷藏备用。

配料

适量橄榄油

适量海盐

适量胡椒碎

4汤匙基本蛋黄酱（72页）

适量罗莎红生菜叶

1把樱桃萝卜苗

1把白萝卜苗

1把芥菜苗

1个番茄，切成8片

1 切开面包，放入平底锅中，用适量橄榄油和盐煎至金黄色，翻面后放在一旁备用。

2 将准备好的肉饼放在烤架上，双面烤至所需的熟度。不要忘记撒上盐和胡椒碎调味。

3 在下层面包上涂抹足量的蛋黄酱，依次摆上一部分生菜叶和菜苗、肉饼、番茄片、黄瓜酱和另一部分生菜叶。盖上上层面包，立即上桌。

提示

如果准备立刻食用汉堡，可以用一些调味汁腌渍生菜，这样尝起来更加清爽。可以用适量橄榄油、盐、蜂蜜和柠檬汁制成调味汁。这款汉堡算得上是零碳水的"古风汉堡"。

我们推荐
肉饼混合方式：东海岸混合（62页）
肉饼重量：80克
肉饼烹饪工具：烧烤架
面包类型：土豆面包（20页）
上层面包表面：芝麻
配菜：牛心菜和胡萝卜（92页）
酒精饮品：吉哈伯通珍藏梅洛干红葡萄酒
无酒精饮品：菠萝鼠尾草汽水

优雅度
4/10

难度
1/5

帝王汉堡

这款汉堡是诸堡之王。吃完它后，人们会感到身心受到巨大的冲击。这种冲击一般只在两个大汉堡融合在一起时才会出现。单单一块180克的肉饼可能足够饱腹，更何况在上面还堆满了肉汁浓郁的手撕猪肉？！征服它需要真正的英雄，因为它释放出的能量深不可测。

手撕猪肉

200毫升酱金牌肉酱或畜肉高汤或调味肉汁（271页、272页）

400克手撕猪肉（274页）

半头蒜，压碎

适量海盐

半汤匙现磨的天堂椒

将肉酱与手撕猪肉的烤肉汁、蒜一起煮沸，然后用大火煮到汤汁像糖浆一样浓稠。如有需要，可加入适量盐和天堂椒调味。挑除蒜瓣，下温热的手撕猪肉，即可用于配餐。

配料

4汤匙基本番茄酱（72页）

1~2茶匙烟熏液

适量海盐

1小撮蔗糖

200克腌红洋葱（99页）

适量黄油

适量胡椒碎

1~2个新鲜的或腌渍的墨西哥哈拉皮纽辣椒，切细丝

1 用烟熏液、1小撮盐和糖给番茄酱调味。

2 沥干腌渍的洋葱，备用。

3 切开面包，放入平底锅中，用适量盐和黄油煎至切面金黄色，翻面后放在一旁备用。

4 将准备好的肉饼放在烧烤架上，双面烤至所需的熟度。不要忘记撒上盐和胡椒碎。

5 给下层面包抹上足量的番茄酱，依次放上肉饼、腌洋葱、手撕猪肉和墨西哥哈拉皮纽辣椒。盖上上层面包，立即上桌。

提示

使用墨西哥哈拉皮纽辣椒时需要注意，不管是新鲜的还是腌渍的，它们都很辣。如果喜欢吃辣，可以将墨西哥哈拉皮纽辣椒放入肉酱中一起煮！

我们推荐

肉饼混合方式：脂肪冠军（62页）

肉饼重量：180克

肉饼烹饪工具：烧烤架

面包类型：土豆面包（20页）

上层面包表面：南瓜子

配菜：牛心菜和胡萝卜（92页）

酒精饮品：塞巴斯蒂安·凯勒和阿特朗&阿提森酒庄产的认知 N°3（Epistem N°3）

无酒精饮品：零酒精的拉德乐啤酒

特色西葫芦培根牛肉汉堡

特色西葫芦培根牛肉汉堡

春天的一个晚上，这款汉堡令我们着迷。它既有令人愉快的轻盈感，同时又展现出一种干脆、利落的优雅感。

西葫芦

4个带花冠的西葫芦

适量海盐

适量橄榄油

半头蒜，切末

适量蔗糖

适量现磨的荜芨粉

50毫升浅色香醋

半头小白洋葱，切丁

100毫升番茄高汤（275页）

1个小西葫芦，切丁

少量柠檬汁和柠檬皮

3汤匙基本番茄酱（72页）

适量罗勒叶

100克波洛夫罗芝士

50克马苏里拉水牛芝士

1个鸡蛋

2茶匙鲜味浓缩番茄汁

50克天妇罗粉

1 将4个西葫芦从花冠上分离。切掉瓜蒂和花冠底部，西葫芦纵向切成薄片，撒上一些盐，开始腌出西葫芦的水分时，在平底锅中加入适量橄榄油和1/2蒜末，将西葫芦片快速煎至熟脆，撒上适量糖和荜芨粉，浇上香醋。盛出西葫芦，如有需要可以撒上适量盐调味。

2 用适量橄榄油和剩余蒜末在平底锅中炒香洋葱，倒入番茄高汤，煮至糖浆状。在另一个锅中用适量油和盐将小西葫芦炒至金黄色，用糖、荜芨粉和微量柠檬汁调味，拌入番茄洋葱汁和番茄酱，做成西葫芦番茄酱。

3 轻轻打开西葫花的花冠尖。罗勒叶切碎。用擦丝器将波洛夫罗芝士和马苏里拉水牛芝士擦丝。分离鸡蛋的蛋清和蛋黄。马苏里拉芝士、波洛夫罗芝士和蛋黄混合在一起，加入罗勒碎、适量橄榄油、鲜味浓缩番茄汁、盐、微量柠檬汁和柠檬皮调味。调好后填充在花冠里。

4 注意，不要将花冠填满，以防油炸时爆裂。蛋清稍微打发至起泡，将花冠放入其中沾一圈，沥干后均匀裹上天妇罗粉，在160℃热油中炸至金黄，捞出放在厨房纸巾上沥油，如有需要可以撒上适量盐调味，之后即可用于配餐。

配料

3根罗勒

适量橄榄油

适量海盐和胡椒碎

4片意大利培根，煎至酥脆

1 摘好罗勒叶，备用。

2 夏巴塔面包切成4片2厘米厚的切片，每片横向切半。在平底锅中加入适量橄榄油和盐，将面包片两面煎至金黄，备用。

3 在平底锅中倒入适量油，将准备好的肉饼双面煎至酥脆，用盐和胡椒碎调味。

4 在4片切半的夏巴塔面包片上涂抹足量的西葫芦番茄酱，依次叠放上培根、肉饼、西葫芦片、西葫芦花冠和罗勒叶。最后摆上剩下的面包片，立即上桌。

提示

新鲜的马苏里拉水牛芝士切片可以让汉堡的口感更丰富、更清新。如果还有剩下的芝士，就放在上面吧。

咖喱牛肉汉堡

咖喱味的汉堡，搭配馕饼，你一定会享受它。

印度酸奶酱

200克酸奶（3.5%）
微量柠檬汁
少许孜然，磨粉
1小撮海盐

将所有材料搅拌均匀，冷藏备用。

秋葵

10根秋葵
1汤匙印度酥油
适量海盐

秋葵擦丝或切段。在平底锅中加热印度酥油，用大火快速将秋葵炒至稍微上色，撒上盐，从锅中盛出，马上用于配餐。

南瓜咖喱

1头洋葱，切丁
1茶匙姜，切丁
1头蒜，切末
2汤匙印度酥油
500克红栗南瓜，切厚片
1个高淀粉土豆，切小块
2茶匙中辣咖喱粉，古老香料局（Altes Gewürzamt）生产
2茶匙原味咖喱粉，古老香料局生产

1片月桂叶
适量海盐
半茶匙蔗糖
150毫升蔬菜高汤
100毫升番茄高汤（275页）
100毫升椰奶
半个柠檬，榨汁和刨皮

洋葱、姜和蒜末放入平底锅中，用印度酥油炒香，下南瓜和土豆，中火翻炒。加入两种咖喱粉、月桂叶、1小撮盐和糖，翻炒片刻，接着倒入蔬菜高汤、番茄高汤和椰奶，盖好锅盖，小火熬煮25分钟左右。待土豆和南瓜变软，咖喱开始变得黏稠时，揭开锅盖，继续熬煮，直到咖喱非常黏稠。挑除月桂叶，用盐、柠檬汁和柠檬皮调味。盖好盖子保温备用。

配料

半根黄瓜
微量青柠汁
适量油
半根微辣泰国红辣椒，切圈

1 黄瓜去皮、擦丝，稍微挤掉水分，用适量青柠汁调味。

2 在平底锅中加入适量油，将预先准备好的肉饼放入锅中，双面煎至所需的熟度。

3 馕饼放在烤箱中保温。给一块馕饼抹上印度酸奶酱，放上黄瓜丝，依次摆上肉饼、南瓜咖喱、秋葵和辣椒圈。盖上另一块馕饼，立即上桌。

提示

我们没开玩笑：这款汉堡没有肉也十分美味。调料的生产商不是关键，但咖喱中的配料十分关键，当然，每个人都可以调制自己喜欢的混合调料。

我们推荐
肉饼混合方式：脂肪冠军（62页）
肉饼重量：80克
肉饼烹饪工具：平底锅
面包类型：馕饼
上层面包表面：——
配菜：薯条（86页）
酒精饮品：乔德普尔珍藏金酒搭配芬味树印度汤力水
无酒精饮品：芒果拉西酸奶奶昔

咖喱牛肉汉堡

优雅度
12/10

难度
4/5

蔬果海鲜汉堡

鲜美的海鲜搭配爽口的蔬果，一定会让你胃口大开。

我们推荐
肉饼混合方式：海鲜
肉饼重量：——
肉饼烹饪工具：平底锅
面包类型：土豆面包（20页）
上层面包表面：爆米花
配菜：火柴棍薯条（86页）
酒精饮品：桃乐丝酒庄特级阳光干白葡萄酒
无酒精饮品：姜汁柚子柠檬水

海鲜

8只大虾

8只小鱿鱼

100克天妇罗粉

适量海盐

足量花生油，用于油炸

虾和小鱿鱼治净，切小块，裹上天妇罗粉，撒上盐。在平底锅中将花生油烧至175℃，下虾和小鱿鱼炸至金黄。

百香果芝果蛋黄酱

4汤匙基本蛋黄酱（72页）

半茶匙百香果颗粒或果汁

1茶匙芒果果肉

少许泰国青辣椒，切末

2~3根香菜，切碎

适量海盐

将前5种材料放入搅拌机中搅打成细泥，如有需要，可用海盐调味。

蔬菜

1~2个胡萝卜

4根大葱

12根甜豆

足量花生油，用于油炸

适量海盐

适量蔗糖

胡萝卜削皮，切成约6厘米长的条。大葱洗净，同样切成约6厘米长的段。在锅中加热油，下所有蔬菜，炸至金黄，捞出放在厨房纸巾上沥油，用适量盐和糖调味。

番茄芒果莎莎酱

2个番茄

2汤匙芒果果肉

2汤匙橄榄油

1汤匙青柠汁

1小撮海盐

1小撮蔗糖

1小撮鸟眼辣椒粉

番茄去皮、去子，放在厨房纸巾上沥干。芒果切大块，和第3~7种材料一起腌渍，在60℃的烘干机中烘干约3小时。接着将所有食材切碎，如有需要，可再次调味。

西瓜

4片无籽西瓜（约8厘米×8厘米×0.7厘米）

适量蔗糖

2汤匙青柠汁

在烧烤架上或平底煎锅中烤炙西瓜双面，用糖和青柠汁腌渍，备用。

配料

适量黄油

适量海盐

半个芒果，切成大块

1把萝卜苗

半根泰国红辣椒，切成细圈

1 切开面包，放入平底锅中，用适量黄油和盐煎至切面金黄色备用。

2 给下层面包涂上番茄芒果莎莎酱，依次在上面放上烤西瓜片、小鱿鱼、虾、炸蔬菜和芒果块，倒上百香果芝果蛋黄酱，用萝卜苗和辣椒圈装饰。盖上上层面包，立即上桌。

提示

百香果颗粒是经过冷冻干燥的百香果，非常适合调味、增添香气，且不会过度稀释液体。番茄芒果莎莎酱即使未经过干燥，也有浓郁的果香味。

豪华蓝纹芝士胡萝卜鸡肉汉堡

在心情低落的日子，翻看旧相册回忆过去更勇敢的自己也毫无帮助，最好的朋友打来电话鼓励也无济于事，就算边看喜欢的电视剧边吃冰淇淋，心情依旧沉郁，我们一定要承受这种情绪，还是有其他方法？当蓝纹芝士在肉饼上慢慢熔化，生活的不完美也变得更容易接受一些。酸甜的胡萝卜、橙子果酱和咸苦交织的芝士散发的香气，让人不禁流下幸福的泪水。这款汉堡犹如黑暗日子里的一束光，制作它几乎具有治愈的功效。补充一点：在忧伤时饮酒是一种愚蠢的做法……不过，赫纳酒庄的白麝香葡萄酒倒是一款不错的助兴酒。不然，我们还可以怎么形容味蕾跳起桑巴，嘴角扬起时的感觉呢？

橙子果酱

1头白色小洋葱，切丁

半茶匙姜，切丁

半汤匙黄油

半汤匙蜂蜜

4个杏，去核、切块

2小撮克什米尔咖喱粉

2个有机橙子，榨汁和刨皮

200毫升胡萝卜汁

2刀尖芥末

在平底锅中用烧至起泡的黄油将洋葱和姜炒至金黄，加入蜂蜜，炒至略微焦糖化，下杏肉块和咖喱，翻炒片刻，使其焦糖化。倒入橙汁、橙皮、胡萝卜汁和芥末，煮至糖浆状。

胡萝卜沙拉

3~4根胡萝卜，纵向擦丝

适量海盐

适量蔗糖

微量米醋

适量香油

将所有材料拌在一起，备用。

配料

适量黄油

适量油

适量海盐

适量胡椒碎

4片蓝纹芝士

1把紫苏苗

1 切开面包，放入平底锅中，用适量黄油煎至切面金黄色，翻面后放在一旁备用。

2 在平底锅中倒入适量油，将预先准备好的肉饼双面煎至所需的熟度，用盐和胡椒碎调味。

3 给下层面包涂抹足量的橙子果酱，依次摆上肉饼、蓝纹芝士、胡萝卜沙拉和紫苏苗。盖上上层面包，立即上桌。

提示

可以将蓝纹芝士放入平底锅中，盖上芝士罩（54页）或锅盖使其熔化，这样汉堡会更美味。放在烤箱里用上火烤至金黄酥脆也可以。

我们推荐

肉饼混合方式：辣椒鸡肉饼（64页）

肉饼重量：100克

肉饼烹饪工具：平底锅

面包类型：土豆面包（20页）

上层面包表面：碧根果仁

配菜：豆瓣菜和黄瓜（101页）

酒精饮品：赫纳酒庄白麝香葡萄酒

无酒精饮品：无花果葡萄思慕雪

阿蒂拉素汉堡

我们并不需要每天都吃肉，我们想把这款美味的无肉汉堡献给来自柏林的阿蒂拉·希尔德曼（Attila Hildmann），他是一位充满活力又乐于制造话题的纯素饮食提倡者。多亏了他和他的巧妙食谱，纯素饮食终于在德国得到公众的认可，不再被视作一种极端的饮食选择。这款汉堡搭配了香辣的莎莎酱和南瓜泥，味道非常出色。虽然它还不是百分之百的素食，但也差不多了。

绿色莎莎酱

1把罗勒

1把欧芹

1把香菜

适量薄荷叶

2个绿尖椒

3汤匙酸豆

3块腌渍的鳀鱼片

80毫升橄榄油

1汤匙柠檬汁

1汤匙酸奶油

1汤匙帕玛森芝士，刨碎

1小撮海盐

1小撮现磨的黑胡椒碎

将前4种材料洗净，甩干，从茎上摘下叶子，切末。尖椒去子，切碎。沥干酸豆和鳀鱼，切末，和其余所有材料一起混合成莎莎酱。

南瓜泥

半个红栗南瓜

1头洋葱，切丁

半个番茄

2汤匙橄榄油

少许肉桂粉

3小撮北非综合香料

半个柠檬，榨汁

2汤匙橙汁

2茶匙黄油

半茶匙姜，切末

1茶匙蜂蜜

适量海盐

1头蒜，切碎

2根香菜，切碎

南瓜洗净，去除表皮的黑色部分或硬邦邦的部分，去子并切成大块。将除蒜和香菜外的所有配料和南瓜块混合，放在烤盘上，入预热至155℃的烤箱烤约35分钟。在烘烤快结束前，加入蒜和香菜一起烤。烤好后倒入搅拌机中搅打成泥。如有需要，可再次用盐、北非综合香料和柠檬汁调味，搅拌均匀后备用。

配料

适量橄榄油

适量海盐

适量胡椒碎

2根泰国罗勒

2个番茄，切片

1把琉璃苣嫩叶

1 切开面包，放入平底锅中，用适量橄榄油和盐煎至切面金黄色备用。

2 将预先准备好的肉饼放入平底锅中，用适量油煎至双面金黄、达到所需的熟度，并用盐和胡椒碎调味。

3 给下层面包涂抹足量的绿色莎莎酱，依次摆上罗勒叶、肉饼、南瓜泥和番茄片。用琉璃苣嫩叶装饰。盖上上层面包，立即上桌。

我们推荐

肉饼混合方式：甘薯素食肉饼（65页）

肉饼重量：100克

肉饼烹饪工具：平底锅

面包类型：土豆面包（20页）

上层面包表面：印度风味的烤谷物

配菜：薯塔（87页）

酒精饮品：梅茨格飞猪桃红葡萄酒

无酒精饮品：约尔格·盖格尔无酒精苹果起泡酒

阿蒂拉素汉堡

霸王汉堡

每款汉堡都有自己独特的个性。这款霸王汉堡外形强壮，是某种搏击运动的黑带选手。它骑着一辆噪音很大的摩托车，连被酒精麻痹的醉汉都会被吵醒。有时候，它还会载着它的肥胖又无耻的朋友。启波特雷辣椒蛋黄酱的辛辣如同一把匕首，也许是唯一能让这个霸王汉堡心生敬意的东西。它的追随者是一堆香脆培根。它的领地是烧烤架。简而言之，"这个家伙"不是一般人想招惹的类型，除非他们极度饥饿。

启波特雷辣椒蛋黄酱

2汤匙蜂蜜芥末酱

2汤匙基本蛋黄酱（72页）

少量柠檬汁

1小撮海盐

少许辣椒

将所有材料拌在一起，做成辛辣的启波特雷辣椒蛋黄酱，备用。

配料

16~20片薄薄的意大利培根

适量菜籽油，用于煎炸

适量黄油

适量海盐

适量胡椒碎

1个红色大番茄，切片

16个炸洋葱圈（89页）

4汤匙基本番茄酱（72页）

1 培根片放入平底锅中，用适量油煎至双面金黄酥脆。

2 切开面包，放入平底锅中，用适量黄油煎至切面金黄，将面包翻面，放置备用。

3 将准备好的肉饼放在烧烤架上，双面烤至所需的熟度，用盐和胡椒碎调味。

4 给下层面包抹上足量启波特雷辣椒蛋黄酱，依次放上肉饼、番茄片、培根、洋葱圈和番茄酱。盖上上层面包，立即上桌。

提示

肉饼的各个边都应密封严实，以免在煎烤时肉饼里面的芝士馅溢出来。如果没有压肉器（如斯图弗兹品牌）也没关系，可以靠一些技巧和耐心填充肉饼：将肉分成两份，其中一份占2/3，另一份占1/3。在较大的那份肉中包入芝士，将较小的那份做成一个盖子，用它来封住已填充好的底部。在给肉饼调味时要考虑到芝士的味道。

我们推荐

肉饼混合方式：东海岸混合（62页），使用斯图弗兹（Stufz）压肉器（肉内包有芝士馅）

肉饼重量：200克

肉饼烹饪工具：烧烤架

面包类型：土豆面包（20页）

上层面包表面：芝麻

配菜：腌黄瓜（98页）

酒精饮品：用伍德福德珍藏威士忌或宪章101调配的波本威士忌酸酒

无酒精饮品：不推荐

优雅度
10/10

难度
4/5

蔬果素汉堡

对于很多肉食狂热爱好者来说，素食本身就是禁忌。我们像科学家寻找稀有元素一样努力创造出一款极具说服力的素汉堡。我们称它为"Vegetanium"。这个在汉堡天空闪耀的"新星"，也吸引了那些仍旧认为汉堡必须有一块棕色肉饼的人。

菜花

半棵菜花

适量海盐

足量花生油，用于油炸

菜花分成小朵，放入加盐沸水中迅速焯熟。开始配餐前，在一个足够高的深口锅中将油预热至160℃，下菜花炸至金黄，捞出放在厨房纸巾上沥油，撒上盐，即可用来配餐。

甜豆

200克甜豆

适量橄榄油

半茶匙蜂蜜

1小撮海盐

微量柠檬汁

将甜豆斜切成细条，放入平底锅中用适量橄榄油煎炒，注意不要使其变色。用适量蜂蜜、盐和柠檬汁调味，继续炒至略微焦糖化，盛到盘子中摊开冷却。

甘薯

1~2个甘薯

2~3汤匙橄榄油

1~2茶匙蔗糖

1小撮海盐

2茶匙柠檬汁

1茶匙北非综合香料，古老香料局生产

1小撮肉桂子，磨粉

甘薯削皮，切成约1厘米厚的圆片，用其余材料腌制1~2小时。将腌好的甘薯片摆放在铺有烘焙纸的烤盘上，放入预热至165℃的烤箱中，烘烤15~18分钟，备用。

蛋黄酱

8个蛋黄

1汤匙奶油

1茶匙蜂蜜芥末酱

1小撮海盐

将所有材料小心地倒入一个碗中，搅拌均匀。放入63℃的蒸箱中蒸2小时，使蛋黄糊变得黏稠；（也可装在真空烹饪袋中使用真空低温烹饪法烹饪），然后待其冷却后，放入冰箱冷藏。

杏仁酱

100克杏仁

1茶匙黄油

1小撮蔗糖

适量海盐

1~2汤匙山羊奶新鲜芝士

微量柠檬汁

在平底锅中熔化黄油，下杏仁炒至略微变色，加入糖和盐。将杏仁、山羊芝士和柠檬汁倒入搅拌机中搅打成细泥，根据需要调味。

苹果

半茶匙蜂蜜

200毫升榲桲汁

半个苹果，粉红女士品种

用汤锅将蜂蜜炒至略微焦糖化，浇上榲桲汁，煮至糖浆状。苹果带皮刨丝。将苹果丝放入还烫的糖浆糊中。

配料

适量黄油

适量海盐

1把芥菜苗

1 切开面包，放入平底锅中，用黄油煎至切面金黄。在平底锅中用黄油将甘薯片煎至焦糖色，撒上少许盐。

2 给下层面包涂抹上杏仁酱，依次摆上甘薯片、甜豆和菜花。用芥菜苗、苹果丝和蛋黄酱装饰。盖上上层面包，上桌。

我们推荐

肉饼混合方式：甘薯素食肉饼（65页）

肉饼重量：——

肉饼烹饪工具：平底锅

面包类型：土豆面包（20页）

上层面包表面：芥末子

配菜：甜瓜与芝士（94页）

酒精饮品：美因茨选帝侯酒厂德勒克和施贝克白葡萄酒（Dreck und Speck）

无酒精饮品：豌豆西瓜龙蒿汁

优雅度
7/10

难度
3/5

芒果龙虾牛肉汉堡

芒果龙虾牛肉汉堡

有些人或许认为将菜单上最昂贵的两道菜肴——龙虾和菲力牛排——结合在一起是一种俗气的奢侈，是一种愚蠢行为。这款汉堡将证明，这种观点纯粹是错误的。因为尝过这款汉堡的人都会发现它的味道一点儿都不庸俗，反而超级棒。我们还使用昂贵的泰国芒果制成沙拉，将它的奢华推向极致。请原谅我的直白，但这款汉堡绝对会引起轰动。

芒果沙拉

1个成熟的泰国芒果

少量青柠汁

少许泰国红辣椒，切末

适量橄榄油

芒果削皮，取肉剁碎，拌入剩下的材料，调成酸甜、微辣的芒果沙拉。

龙虾

6只带壳龙虾

适量青柠油或姜油

1小撮海盐

少许蒜，切末

剥去虾壳，去除虾线，将虾纵向切半。所有材料拌在一起腌制备用。

青柠味蛋黄酱

4汤匙基本蛋黄酱（72页）

2汤匙青柠汁

适量青柠皮

1小撮海盐

少许抗坏血酸

将所有材料倒在一起，搅拌成顺滑的蛋黄酱，盖好冷藏备用。

配料

适量黄油

适量海盐

适量胡椒碎

1把白苏苗

1把紫苏苗

1把萝卜苗

1 切开面包，在面包切面涂抹适量黄油，放在烧烤架上快速烤脆，放置备用。

2 将准备好的肉饼放在烤架上，双面烤至所需的熟度，用盐和胡椒碎调味。将虾也一起烤熟。

3 给下层面包涂抹足量的青柠味蛋黄酱，依次在上面摆上肉饼、芒果沙拉和虾。用菜苗装饰。盖上上层面包，立即上桌。

提示

1 当然可以用普通芒果代替泰国芒果。重要的是，选用的芒果要是甜的、熟的。

2 最好将虾穿在一根长木扦上烤炙，这样可以保持虾的形状，而且烤时更方便。

我们推荐

肉饼混合方式：东海岸混合（62页）

肉饼重量：100克

肉饼烹饪工具：烧烤架

面包类型：土豆面包（20页）

上层面包表面：黄豆

配菜：芦笋和芝麻（95页）

酒精饮品：冯·温宁酒庄长相思1号

无酒精饮品：百香果罗勒柠檬水

对抗危机汉堡

在一个专为"狂热煮夫"设立的自助小组中，有人向我这样形容法式熟肉酱：当女性经历危机时，她们常会拿起勺子，打开一大罐坚果巧克力酱，坐在电视前，任由情绪发展。而对于美食家来说，他们的做法完全类似，只不过他们选择的是一整罐浸在鹅油中的鹅肉碎，而不是坚果巧克力酱。如果你想找寻人生的意义，不再沉浸于低谷中，这款汉堡将是一个不错的选择。现在，走进厨房吧！

肉酱饼

650克鸭肉酱（270页）

2个蛋清

适量海盐

适量面粉

50克日式面包糠

适量印度酥油

1 使用与面包大小相匹配的压模器给鸭肉酱塑形。可以先将模具放入热水中稍微加热，这样肉饼更容易脱模。从冰箱中取出鸭肉酱，立即压进模具中压实，将4个肉饼一起放在烘焙纸上，冷冻至少1.5小时。蛋清中加入适量盐调味，并稍微打发起泡。按照传统的方式，给肉饼依次裹上面粉、蛋清和面包糠，确保肉饼在煎炸过程中不会散裂。接着再次冷冻约1小时。

2 配餐前，将肉饼放入平底锅中，用足量酥油炸至金黄酥脆，捞出放在厨房纸巾上沥油，趁热配餐。

蘑菇

200克鸡油菌和平菇

适量黄油

适量海盐

1小撮现磨的塔斯马尼亚胡椒

两种蘑菇洗净，如有需要可撕成小块，放入烧至起泡的黄油中煎炒至金黄，加入盐和胡椒碎调味，之后即可用于配餐。

樱桃

半汤匙黑砂糖

1汤匙深色香醋

200毫升樱桃汁，莫雷洛樱桃

100克樱桃

1小撮现磨的塔斯马尼亚胡椒

适量黄油

黑砂糖放入锅中熔化并轻微炒至焦糖化，然后浇上香醋，适量收汁，倒入樱桃汁，煮成糖浆状。与此同时，将樱桃去核，放入热汤中，撒上胡椒碎调味，加入黄油使其稍微变黏稠，然后盖上盖子，让樱桃吸收汤汁。

配料

适量黄油

适量海盐

4汤匙蜂蜜芥末酱

一些旱金莲叶子

1 切开面包，放入平底锅中，用适量黄油和盐煎至切面金黄。

2 给下层面包涂抹足量的蜂蜜芥末酱，在上面依次摆上肉饼、蘑菇和樱桃，用旱金莲叶子装饰。盖上上层面包，立即上桌。

提示

若觉得肉不够多，可以在汉堡中再加上些片得极薄、烤得粉红的鸭胸肉。如果没有买到黑砂糖，使用普通蔗糖也可以。

我们推荐
肉饼混合方式：鸭肉酱（270页）
肉饼重量：100克
肉饼烹饪工具：平底锅
面包类型：布里欧修面包（22页）
上层面包表面：可可豆
配菜：蘑菇和樱桃（93页）
酒精饮品：奥海酒庄圣巴巴拉霞多丽干白葡萄酒
无酒精饮品：野樱莓汁混合饮料

对抗危机汉堡

纯正达沃斯汉堡

这款简单又美味的汉堡，如果你们在家不能亲手制作出这样的汉堡，那真是有点说不过去了。

菜花

1茶匙枫糖浆

1茶匙蔗糖

50毫升苹果醋

50毫升椴梓汁

半头洋葱，切丁

半头蒜

3~4粒多香果，捣碎

少许芥末子

适量海盐

半棵菜花

适量黄油，用于煎烤

将前8种材料和黄油一起制成腌汁，煮成糖浆状。菜花分成小朵，放入沸盐水中迅速焯水，用笊篱捞出，倒入腌汁中腌制，盖好让它慢慢冷却。菜花需要腌1天。在配餐前，将菜花入烧至起泡的黄油中煎炒，用适量盐调味后即可用来配餐。

迷迭香蛋黄酱

几小枝迷迭香

1茶匙菜籽油

少许蒜，切末

半茶匙洋葱丁，切末

微量浅色香醋

4汤匙基本蛋黄酱（72页）

1茶匙斯美塔那酸奶油

微量烟熏油

适量海盐

迷迭香切末。在平底锅中加热菜籽油，放入蒜和洋葱炒至透明，倒入醋，煮至糖浆状，倒入迷迭香，放置冷却。将蛋黄酱和酸奶油倒入迷迭香洋葱混合物中，用烟熏液、盐调味，冷藏备用。

配料

适量黄油

适量油

适量海盐

适量胡椒碎

2~3汤匙大坏蛋牌烧烤酱（The Big Bad）

1~2根芥末黄瓜，切条

适量非常薄的烟熏培根，武尔卡诺牌

4片薄薄的高山芝士

1把辣辣菜幼苗

1 切开面包，放入平底锅中，用适量黄油煎至切面金黄色备用。

2 在平底锅中用适量油将预先准备好的肉饼双面煎至所需的熟度，用盐和胡椒碎调味。

3 给下层面包涂抹足量的迷迭香蛋黄酱，在上面依次放上肉饼、烧烤酱、芥末黄瓜、菜花和烟熏培根，接着放上芝士片，放入烤箱中用上火迅速让它熔化。用辣辣菜幼苗装饰汉堡。盖上上层面包，立即上桌。

提示

也可以将菜花在热油中炸得酥脆，然后稍微撒上一些盐调味。当我再次思考它的做法时，我认为确实应该这么做！

我们推荐
肉饼混合方式：脂肪冠军（62页）
肉饼重量：150克
肉饼烹饪工具：平底锅
面包类型：土豆面包（20页）
上层面包表面：燕麦片/芝士
配菜：薯角（87页）
酒精饮品：宝禄爵香槟，白色箔纸封口
无酒精饮品：希登矿泉水，碳酸含量较低款

科隆青年汉堡

莱茵地区的人多是乐天派，他们幽默、简单、无忧无虑。我们想做出一款汉堡，它可以集合这些特质，并且在杜塞尔多夫也能受到欢迎。应该怎么说呢？我们又做到了！这是科隆式的手撕猪肉汉堡，搭配尖白菜和米尔普瓦调味料（其实就是切碎的根类蔬菜），感谢吐司面包，使得这款汉堡的制作简单、迅速。

我们推荐

肉饼混合方式：手撕猪肉（274页）

肉饼重量：100克

肉饼烹饪工具：平底锅

面包类型：英式松饼（26页）

上层面包表面：玉米粉

配菜：薯塔（87页）

酒精饮品：发酵的苦啤科洛尼亚（Colonia）

无酒精饮品：无，只有啤酒能搭配这款汉堡

尖白菜

半棵尖白菜	2汤匙黄油
1头洋葱，切丁	2汤匙橄榄油
1汤匙蜂蜜	1汤匙蔗糖

1~2汤匙第戎芥末酱

100毫升干白葡萄酒

2汤匙浅色香醋

200毫升混浊苹果汁

适量海盐

少许葛缕子，磨粉

1 尖白菜切成菱形，放入锅中用黄油稍微煎炒后盛出，原锅倒入橄榄油煎炒洋葱，加入蜂蜜和糖炒至焦糖化。加入芥末酱稍微翻炒，然后浇上白葡萄酒、醋和苹果汁，大火收汁，再次下尖白菜，炒至脆嫩。

2 如有需要，可加入盐和葛缕子调味，然后放置备用。

米尔普瓦调味料

1~2根胡萝卜	半棵根芹
2汤匙橄榄油	适量海盐
1小撮糖	1茶匙黄油

先将胡萝卜和根芹去皮并切成5毫米见方的块，入锅中用橄榄油煎至各个面都成金黄色，撒上适量盐和糖调味，并炒至焦糖化。在菜炒熟后，加入适量黄油再次翻炒。

手撕猪肉

1千克手撕猪肉（274页）

适量海盐

适量现磨的黑胡椒

1汤匙黑砂糖

3汤匙8~13年的深色陈醋

1汤匙干红葡萄酒

200毫升酱金牌黑酱

1汤匙烧烤酱，Bbque牌烧烤和烟熏山毛榉木香气款（Grill und Buchenholz）

1 手撕猪肉撕成小块，撒上盐和黑胡椒碎调味。使用模具将2/3的肉制作成4个肉饼，然后放在一旁备用。

2 在锅中熔化糖，浇上醋和红酒煮至糖浆状，接着加入黑酱，大火收汁，用烧烤酱调味，然后拌入剩余的肉混合均匀，即可用于配菜。

配料

1根新鲜辣根	1把萝卜苗
适量橄榄油	适量胡椒碎
适量海盐	4片格鲁耶尔芝士

1 辣根削皮，擦丝。将萝卜苗切段并清洗干净。

2 切开吐司，放入烤面包机中烤至所需的焦黄程度备用。

3 在不粘锅中加入适量橄榄油，小心地煎烤预先准备好的肉饼，撒上胡椒碎和盐调味。在每块肉饼上放1片芝士，放入160℃的烤箱中用上火稍微烤熔芝士。

4 在下层面包上放上尖白菜、肉饼、烧烤酱混合肉饼和米尔普瓦调味料。用萝卜苗和辣根装饰。盖上上层面包，立即上桌。

提示

这个食谱也可以用切碎的卡塞尔熏猪肉、甚至是醋焖牛肉来制作。但调味品要减少盐量时，因为熏猪肉有咸味。

面条汉堡

在纽约，美食狂潮一个接着一个。在某些特定的时间，人们会看到排满一个街区的长队，因为纽约的美食家们都想参与对极致美味的讨论中。从2013年开始，纽约的岛本圭造（Keizo Shimamoto）就经常因为他发明的受品牌保护的面条汉堡（Ramen-Burger）成为这种长队的"制造者"。他的汉堡的肉饼不是夹在面包中间，而是夹在两片煎得香脆的亚洲面饼之间。因此，我们借鉴中式面条的名字，称它为"Mie-Burger"。

我们推荐

肉饼混合方式：鸭肉+牛肉

肉饼重量：——

肉饼烹饪工具：平底锅

面包类型：面条面包（26页）

上层面包表面：——

配菜：豆角和芝麻（92页）

酒精饮品：苏打水加冰调制的四岛柚子清酒

无酒精饮品：菠萝胡萝卜汁

茄子

1个大圆茄子	1汤匙印度酥油
2茶匙薄盐酱油	1汤匙枫糖浆
2汤匙味淋	1根大葱，切成细圈
100毫升出汁（270页）	
1茶匙青柠汁	1汤匙芝麻

茄子横切成0.8厘米厚的片，在锅中用酥油煎至金黄。加入酱油、枫糖浆和味淋，煮至糖浆状，接着加入出汁和青柠汁继续煮，直到茄子煮软且汤汁变得浓稠，最后加入大葱和芝麻，然后趁热配餐。

味噌蛋黄酱

2茶匙薄盐酱油	1汤匙橙醋汁
1汤匙水	1汤匙白味噌酱
1汤匙味淋	微量熟花生油
微量青柠汁	
4汤匙基本蛋黄酱（72页）	

将所有材料放入搅拌机中，搅打成质地均匀的糊。加盖，冷藏备用。

百香果芒果混合蛋黄酱

3汤匙基本蛋黄酱（72页）

2汤匙芒果果肉，切丁

微量新鲜百香果果汁

1茶匙百香果颗粒

1/4根泰国红辣椒，切末

1/4把香菜，切末

适量薄荷叶，切末

适量海盐

将蛋黄酱、芒果果肉、百香果果汁、百香果颗粒和辣椒放入搅拌机中搅打成非常细腻且均匀的糊。用剩余材料调味，冷藏备用。

肉饼

少许蒜，切末

适量油

300克脂肪冠军（62页）

150克鸭肉碎，切粗粒

8只虾

适量盐和胡椒碎

1 在锅中加入适量油，将蒜炸至金黄，立即盛出，放在厨房纸巾上沥油。将两种碎肉拌入炸好的蒜末混合均匀，分成4份。

2 在一个环形模具中先放入一层碎肉，压平，接着放入2只大虾，然后再覆盖上剩余的碎肉。用同样的方法再制作3个肉饼。在平底锅中用油煎炸套着模具的肉饼的一面，然后小心地取下模具并翻转肉饼。肉饼煎熟后即可用来配餐。不要忘记撒上盐和胡椒碎调味！

配料

4个鸡蛋	适量油
1把紫苏苗	适量香菜叶
微量青柠汁	适量海盐

1 在锅中加适量油，将鸡蛋煎成软嫩的荷包蛋。

2 紫苏苗和香菜用适量青柠汁腌制。

3 面饼煎炸后放在厨房纸巾上沥油、冷却，然后横切成两半。给下层面饼涂上味噌蛋黄酱，在上面依次放上肉饼、茄子片、百香果芒果混合蛋黄酱和荷包蛋中的蛋黄。给蛋黄撒上盐，在上面放上香菜和紫苏叶。上层面饼可以盖在上面，也可放在旁边，立即上桌。

爱你加倍汉堡

优雅度 6/10　难度 3/5

爱你加倍汉堡

这款汉堡的意思是"双倍的我爱你"。双层肉饼已是超出期待，它还加入了煎鳗鱼、腌洋葱和山羊奶豪达芝士，这确实是爱情的味道。

菜豆

50克菜豆
1汤匙橄榄油
适量黄油
适量海盐

择好菜豆，洗净，下入沸水中焯煮至熟脆，捞出后拌入橄榄油和适量黄油，用适量盐调味。

鳗鱼

4或8条腌鳗鱼

将不粘锅预热好后放入鳗鱼，不加油干煎至鳗鱼双面变成棕色。小心地将其放到厨房纸巾上沥油，立即上桌。在翻面时要小心，最好使用一个小铲子来操作。

配料

1汤匙腌红洋葱（99页）
4汤匙基本番茄酱（72页）
4汤匙基本蛋黄酱（72页）
1茶匙酸奶油

适量海盐
适量柠檬汁
适量黄油
适量胡椒碎
4片山羊奶豪达芝士
适量圆生菜叶
1个绿番茄，切片
4~8片烤培根（274页）

1 腌洋葱沥干，粗略切碎，拌入番茄酱中。将蛋黄酱与酸奶油搅拌均匀，并用适量盐和柠檬汁调味。

2 将每个面包都切成3块，在平底锅中用适量黄油和盐煎至切面金黄备用。将8块预先准备好的肉饼放在烧烤架上，双面烤至所需的熟度。不要忘记撒上盐和胡椒碎。在4块肉饼上各放1片芝士。上桌前放入220℃的烤箱中用上火烤至芝士熔化。

3 给下层面包涂抹上番茄酱，再依次摆上生菜叶、带芝士片的肉饼、面包片、生菜叶、普通肉饼、番茄片、烤培根、菜豆，再来一些番茄酱，放上煎鳗鱼。盖上上层面包，立即上桌。

提示

烤面包时，将面包放入直径为8厘米、抹上油的甜点模具中，面包会向上膨胀，这样就很容易将它切成3份。
最好用一根扦子来固定汉堡，否则在咬下第一口后它可能会变形。

我们推荐

肉饼混合方式：东海岸混合（62页）
肉饼重量：2×100克
肉饼烹饪工具：烧烤架
面包类型：土豆面包（20页）
上层面包表面：燕麦片
配菜：薯条（86页）
酒精饮品：火石行者双倍杰克啤酒
无酒精饮品：葡萄果汁

浪漫汉堡

水果的清新味道，中和了肉的油腻之感，带来了不同寻常的风味。

我们推荐

肉饼混合方式：脂肪冠军（62页）

肉饼重量：最多100克

肉饼烹饪工具：平底锅

面包类型：比利时华夫饼（27页）

上层面包表面：糖粉

配菜：腌渍甜豆（96页）

酒精饮品：卢卡斯·克劳斯酒庄塞克特干型起泡酒

无酒精饮品：能量饮料

杏

2~3个杏

适量黄油

2~3汤匙枫糖浆

2汤匙浅色香醋

50毫升现榨橙汁

杏对半切开，去核，切成12片，下平底锅中用适量黄油稍微焖炒，浇上枫糖浆、香醋和橙汁，煮至糖浆状，放在一旁备用。

葡萄

16颗红色无籽葡萄

1茶匙蔗糖

200毫升葡萄汁

葡萄横向切半。在一个深口平底锅中将蔗糖炒至焦糖化，浇上葡萄汁并煮至糖浆状。加入切半的葡萄，轻轻翻炒，然后放在一旁备用。

番茄辣椒蛋黄酱

1汤匙基本番茄酱（72页）

3汤匙基本蛋黄酱（72页）

少许泰国红辣椒，切末

1茶匙芥末黄瓜，切末

1小撮海盐

将所有材料放入搅拌机中，搅打成奶油状的辣味蛋黄酱，备用。

配料

1根黄瓜

适量海盐

适量浅色香醋

2小撮蔗糖

适量油

4片半熟豪达芝士

4个鸡蛋

适量生菜心

8片烤培根（274页）

1把辣辣菜幼苗

1 黄瓜切成非常薄的片，加入适量盐、几滴香醋和糖调味，搅拌均匀。在配餐前，放在厨房纸巾上沥干。

2 烘烤8块相同大小的比利时华夫饼（27页）。将华夫饼并排放在布上放凉，这样可以让华夫饼变得酥脆，不会太软。

3 在平底锅中倒入适量油，将预先准备好的肉饼双面煎至所需的熟度，用盐调味。放上芝士，盖上芝士罩（54页），让它稍微熔化。与此同时，在平底锅中用油煎出4个荷包蛋。

4 在下层华夫饼上涂上番茄辣椒蛋黄酱，再依次放上一些生菜、肉饼、黄瓜片、杏肉片、荷包蛋、培根和葡萄，用菜苗装饰。盖上另一片华夫饼，立即上桌。

提示

华夫饼面团中的糖分越高，烤出来的华夫饼就越脆。如有需要，可以在荷包蛋上撒些盐。没有加盐的鸡蛋就像没有面包的汉堡。如果杏不当季，可以选择其他酸甜可口的水果代替。若想要快速做好，可以不加水果。

优雅度
6/10

难度
3/5

浪漫汉堡

比利时武士酱甘薯条牛肉汉堡

在制作薯条酱方面，没有哪个国家能像比利时一样富有创意。"辣味武士酱"就是其中最有名的薯条酱之一，在牛油中炸过两次的、油乎乎的薯条搭配它味道最好。其实大家完全可以自己制作这款蘸酱。考虑到比利时人喜欢用一只手端着啤酒，我们就直接将薯条放在汉堡上了。

我们推荐

肉饼混合方式：脂肪冠军（62页）

肉饼重量：最多100克

肉饼烹饪工具：平底锅

面包类型：比利时华夫饼（27页）

上层面包表面：糖粉

配菜：腌渍甜豆（96页）

酒精饮品：卢卡斯·克劳斯酒庄塞克特干型起泡酒

无酒精饮品：能量饮料

洋葱

2~3头洋葱，切细圈　　　1头蒜，压碎

适量橄榄油　　　　　　　4汤匙枫糖浆

2枝百里香

100毫升浅色香醋

适量海盐

在平底锅中倒入适量橄榄油，下洋葱煸至透明，加入蒜和百里香，浇上枫糖浆，炒至焦糖化，倒入香醋并再次煮成糖浆状，用盐调味，放置备用。配餐时挑除百里香和蒜。

武士酱

1头蒜，切末　　　　　适量橄榄油

少许肉蔻皮，切碎　少许葛缕子，磨粉

少许孜然　　　　　　1小撮蔗糖

1茶匙原味浓缩番茄汁　1茶匙酸奶油

4汤匙基本蛋黄酱（72页）

1根泰国红辣椒，切末

少许藏红花

1小撮海盐

适量柠檬汁

蒜入适量橄榄油中炒至透明，加入肉蔻皮、孜然和葛缕子翻炒片刻。浇上浓缩番茄汁，待冷却后将所有材料倒入搅拌机中搅打成细泥，调味，即成味道辛辣的武士酱。

甘薯条

1个甘薯　　　　　适量橄榄油

1个蛋清　　　　　适量海盐

1茶匙紫咖喱

2汤匙淀粉（土豆淀粉、玉米淀粉、米粉或天妇罗粉）

1　甘薯去皮，切成0.5厘米厚的条，放在大碗中凉水浸泡过夜，滗出水，放在厨房纸巾上沥干。将一半甘薯条和1汤匙淀粉一起装进一个大塑料袋中或一个能封口的碗中，密封后使劲摇晃，使甘薯条均匀裹上淀粉，然后取出。用同样的方法处理另一半甘薯条。

2　蛋清打发至硬性泡沫，拌入甘薯条中。在烤盘上铺上烘焙纸，涂抹上橄榄油，将甘薯条放在烤盘上。注意甘薯条之间要留有足够的间距，放入220℃的烤箱中（上下火模式）烘烤约10分钟；翻面，同样需要注意甘薯条之间的间距，继续烤10~12分钟，烤至薯条开始变色。

3　薯条烤好后，打开烤箱门，配餐前薯条要一直放在烤箱中保温。开始配餐时，用紫咖喱和盐给薯条调味。

配料

适量黄油、海盐、胡椒碎

4片半熟豪达芝士

适量罗马生菜心

1　切开面包，放入平底锅中，加入适量黄油和盐将面包煎至切面金黄。

2　使用烧烤架将肉饼双面烤至酥脆。不要忘记撒上胡椒碎和盐调味。在每块肉饼上放1片芝士，放入热烤箱中略微烤熔。

3　给上层面包和下层面包都涂上武士酱，在下层面包上依次摆上生菜叶、肉饼、洋葱和甘薯条。盖上上层面包，立即上桌。

优雅度
6/10

难度
3/5

蔬萃海鲜汉堡

你受邀参加一场游艇派对，但还不知道该准备一份什么礼物？别担心，有了这款扇贝汉堡，你绝对会成为当晚的明星，但这份荣耀只会持续17.5秒。因为这款搭配了用出汁精心调配的荷兰酸辣酱的汉堡太过美味，一上桌就被大家狼吞虎咽，吃个精光。

扇贝

16只扇贝

扇贝去壳取肉治净，在流水下冲洗干净，然后用厨房纸巾轻轻擦干，放置备用。

出汁－荷兰酸辣酱

2汤匙味滋康米醋

6汤匙出汁（270页）

2汤匙番茄高汤（275页）

少许蒜，切碎

少许泰国红辣椒，切碎

半把香菜

1汤匙木鱼花

3个蛋黄

250克黄油

适量海盐

适量橙醋汁

适量柚子汁或青柠汁

醋、出汁、番茄高汤和蒜、辣椒、香菜及木鱼花一起倒入锅中煮沸并稍微收汁。用细筛过滤后将汤汁与蛋黄一同隔热水打发至起泡且同奶油般细腻，与此同时熔化黄油，将热液态黄油慢慢倒入蛋黄糊中，混合均匀。用盐、橙醋汁和柚子汁调味，保温备用。

胡萝卜丝

2根笔直的胡萝卜

足量花生油，用于油炸

适量海盐

适量七味粉，古老香料局生产

胡萝卜削皮切丝，稍微用水浸泡后沥干，入热花生油中炸干，但注意不要炸黑，捞出后放在厨房纸巾上沥油。最后放在大碗里用盐和七味粉调味，备用。

配料

200克裙带菜沙拉

半根泰国红辣椒，切细圈

适量黄油

适量海盐

1头红洋葱，切细圈

2~3根樱桃萝卜，切薄片

1把细香葱苗

半把辣辣菜幼苗

50克鲑鱼子，洗净

1 裙带菜和辣椒圈拌在一起。

2 切开面包，放入平底锅中，加入适量黄油和盐煎至切面金黄。

3 扇贝入热锅中，加入适量黄油煎至双面微黄，稍微加点儿盐调味。

4 给上层面包和下层面包涂抹上出汁—荷兰酸辣酱，在下层面包上依次摆上裙带菜、扇贝、洋葱圈、樱桃萝卜片、胡萝卜丝和细香葱苗。用辣辣菜和鲑鱼子装饰。盖上上层面包，立即上桌。

提示

烤制长形面包，这样扇贝更容易夹在面包中，不易滑掉。扇贝的卵囊（扇贝黄）也可以入锅里稍微煎炸，与汉堡一起上桌。扇贝壳清洗后，可以当作配菜碗使用。也可以用葱丝、土豆丝或芹菜丝替代胡萝卜丝。要将樱桃萝卜切得非常薄。洋葱圈和樱桃萝卜片在配餐前放入冰水中浸泡约10分钟会变得更为香脆爽口。

优雅度
5/10

难度
3/5

低卡骑士汉堡

低卡骑士汉堡

瘦身期间，若你还是想享受美味的汉堡，可以考虑使用巨大的波特贝勒菇替代传统的面包。但如果汉堡不搭配松露蛋黄酱和薯条，那至少失去了一半乐趣。

波特贝勒菇

8朵相同大小的波特贝勒菇

适量橄榄油

适量软黄油

适量海盐

1小撮现磨的天堂椒

1 拧下蘑菇的蒂，可以选择与蘑菇伞一起烹饪，然后将其切末，拌入松露蛋黄酱中。

2 用橄榄油、黄油、盐和天堂椒腌制蘑菇伞，然后将其内侧朝下，并排放在铺有烘焙纸的烤盘上，入预热至160℃的烤箱中烤约10分钟，取出后冷却，蘑菇伞内侧朝下放在厨房纸巾上沥干备用。

松露蛋黄酱

4汤匙基本蛋黄酱（72页）

3~4茶匙腌渍的松露，切碎

适量海盐

微量柠檬汁

将所有材料倒在一起搅拌成质地均匀的糊，放在一旁备用。

番茄莎莎酱

1~2个成熟多汁的番茄

1/4头洋葱，切小丁

适量油

少许泰国红辣椒，切末

4汤匙基本番茄酱（72页）

1茶匙枫糖浆

1 番茄去皮、去子，切碎。

2 在热锅中用适量油炒香洋葱丁，加入切碎的辣椒和其余材料搅拌均匀，常温放置或冷藏备用。

配料

适量水田芥

适量罗马生菜心

适量橄榄油

适量柠檬汁

1个番茄，切片

8片切达芝士

1 用1茶匙橄榄油和柠檬汁腌制水田芥和生菜叶。

2 给4朵波特贝勒菇的蘑菇伞内侧抹上松露蛋黄酱，铺上生菜叶并放上1片番茄。

3 在平底锅中加入适量油，将准备好的肉饼的各个面煎至所需的熟度，取出。在不粘锅中放入切达芝士，每次叠放2片，用中火熔化。当芝士开始冒泡时，在上面放1块肉饼并将芝士煎至酥脆。注意，不要把芝士煎得过于焦黑，以免味道变苦。从锅中小心地取出肉饼，确保芝士紧紧粘在肉饼上。将肉饼翻过来放在番茄片上，然后抹上番茄莎莎酱，摆上水田芥，盖上1个没加松露蛋黄酱的蘑菇伞，立即上桌。

提示

蘑菇必须充分沥干，否则未沥干的水可能会导致食用时的优雅度降低到1甚至0。如果觉得缺少烧烤风味，可以使用烧烤架烤蘑菇和肉饼。喜欢松露的人可以在波特贝勒菇蘑菇盖之间刨上1~2片松露。

鱼翅汉堡

鱼翅汉堡（本书中的鱼翅均指人造鱼翅）是一个极好的选择，搭配较为辛辣的辣椒莎莎酱和蒜香鸡油菌也没问题。

鱼翅

400克人造鱼翅	1汤匙橄榄油
2汤匙黄油	2汤匙青柠油
适量海盐	

人造鱼翅切成8块。在不粘锅中加热橄榄油，将人造鱼翅煎至双面金黄，熄火，加入适量黄油和青柠油，并用盐调味，在锅中煮至半透明，期间不时翻面，之后即可用于配餐。

鸡油菌

150克鸡油菌	2头发酵蒜
1汤匙橄榄油	适量海盐
少量生抽	1茶匙黄油
1小撮辣椒面，中辣	

将鸡油菌在流水下清洗干净，确保没有沙粒，然后用厨房纸巾轻轻擦干。发酵蒜切末。平底锅烧热后加入适量橄榄油和鸡油菌，大火炒熟，期间不时翻动鸡油菌，用盐和辣椒调味，倒入生抽、黄油和发酵蒜，即可用来配餐。

辣椒莎莎酱

4根红尖椒	5个成熟多汁的番茄
2汤匙香肠，切丁	适量橄榄油、海盐
1头洋葱，切粗丁	1头蒜，压碎
1茶匙蜂蜜	少许辣椒面
1枝龙蒿	1汤匙浅色香醋
1杯番茄高汤（275页）或水	
半个柠檬，榨汁	

1 尖椒切半、去子，内侧朝下放在烤盘上，在220℃的烤箱中烤10~15分钟，把尖椒皮烤黑，从烤箱中取出，剥掉尖椒皮。番茄去皮，切大块。香肠入锅中用适量橄榄油煎脆，加入洋葱、蒜和尖椒，炒至透明。

2 倒入蜂蜜、辣椒面和龙蒿煮，下番茄块熬煮，期间不停地搅拌，直到汤汁收尽、锅内食材粘在锅底。倒入香醋和番茄高汤，刮起锅底的沉淀物，盖上盖子用中火煮约20分钟。随后转小火熬煮至液体完全蒸发，挑除龙蒿枝。将食材倒在搅拌机中粗略搅拌成泥，用盐和柠檬汁调味后放置冷却。

配料

40克水田芥	适量橄榄油
适量柠檬汁	4棵小白菜
适量黄油	适量海盐

我们推荐

肉饼混合方式：人造鱼翅

肉饼重量：100克

肉饼烹饪工具：平底锅

面包类型：布里欧修面包（22页）

上层面包表面：椰子片

配菜：甘薯条（87页）

酒精饮品：云雾之湾长相思干白葡萄酒

无酒精饮品：约尔格·盖格尔酒厂玫瑰魔法无酒精起泡酒（Rosenzauber，Jörg Geiger）

1茶匙鲜味浓缩番茄汁

4汤匙基本蛋黄酱（72页）

1 用1茶匙橄榄油和1茶匙柠檬汁腌渍水田芥。

2 小白菜洗净，纵向切半。在平底锅中倒入橄榄油，下小白菜，大火煎炒两面，加入适量黄油，用盐和番茄汁调味。

3 切开面包，放入平底锅中，用适量黄油煎至切面金黄备用。用适量柠檬汁给蛋黄酱调味。给下层面包涂抹上蛋黄酱，放上小白菜，依次摆上人造鱼翅、鸡油菌、辣椒莎莎酱和水田芥。给上层面包也涂上辣椒莎莎酱，盖上即可上桌。

提示

可以用烤得金黄的薄蒜片代替发酵蒜。香肠可以选择稍微辣一些的，这样会赋予酱汁一种醇厚的辣味。

鱼翅汉堡

芝士通心粉培根牛肉汉堡

炸过的食物往往更加美味，这早已不是秘密。在美国，凡是可以吃的东西，只要不能快速爬到树上，都会被裹上面糊扔进油锅里。对于传统的欧洲烹饪界来说，这简直不可思议！下一次轮到什么东西呢？或许他们会把大家钟爱的芝士意面炸成汉堡包的形状，再在中间夹上一块厚厚的牛肉饼……什么？！他们真的会这样做？是的，而且味道还不错。不信你看下面。

面包

250克通心粉

适量海盐

3个鸡蛋

50克格鲁耶尔芝士，擦丝

50克帕玛森芝士，擦丝

4~5汤匙奶油

1小撮肉蔻衣，擦丝

100克日式面包糠

足量花生油，用于油炸

1 通心粉入盐水中煮至筋道，捞出后用剪刀剪成2~3厘米的小段。将2个蛋黄和两种芝士、奶油及肉蔻衣混合在一起，拌入还热乎的通心粉中，在锅中隔热水不停搅拌，直至略微变稠（蛋黄开始凝固）。

2 将通心粉压入涂有油的环形模具中，放在铺有烘焙纸的烤盘上，冷冻约1.5小时。用打蛋器将1个鸡蛋打发至蓬松。从模具中取出所有通心粉饼，在蛋液中滚一圈，再均匀裹上一层面包糠。

3 将通心粉饼放入烧热的油中，用中火炸至两面金黄，捞出后放在厨房纸巾上沥油，待稍微冷却后即可配餐。

配料

1个番茄

4片山羊奶豪达芝士

4汤匙基本番茄酱（72页）

12片烤培根（274页）

1 番茄横向切成4片。

2 将准备好的肉饼放在烧烤架上，双面烤至所需的熟度。快要烤好时，在肉饼上各放1片番茄和芝士，然后盖上烤架盖，再烤2分钟，使芝士熔化。

3 给4块通心粉饼抹上番茄酱，放上肉饼和烤培根。盖上上层通心粉饼，立即上桌。

提示

在模具中制作通心粉饼时，不要堆得过高，否则裹上面包糠后会太厚重。如果使用厨师料理机将日式面包糠打得更细，裹面包糠的过程会变得更简单。如果不想费劲去剪通心粉，也可以选择使用弯管形意面。

我们推荐

肉饼混合方式：东海岸混合（62页）

肉饼重量：100克

肉饼烹饪工具：烧烤架

面包类型：通心粉/芝士

上层面包表面：——

配菜：番茄和新鲜芝士（91页）

酒精饮品：蒙特斯珍藏霞多丽白葡萄酒

无酒精饮品：可乐和芬达混合饮料，不要加冰，可以加些柠檬

优雅度 9/10

难度 4/5

迷你小汉堡盛宴

优雅度
4/10

难度
2/5

优雅度 4/10 | 难度 2/5

优雅度 4/10 | 难度 2/5

迷你小汉堡盛宴

迷你小汉堡不仅仅是小汉堡，它们可能是最好的汉堡，因为比起常规汉堡，人们可以吃到多款不同口味的汉堡。原则上每款汉堡都可以做成小汉堡（每块面包重40~50克，肉饼重80~100克）。我们在这里只展示3款令人惊艳的汉堡食谱，尤其是邋遢乔汉堡，深得我们的喜爱。首先它非常适合喂饱一大群人；其次，夹在现烤面包中的碎牛肉尝起来味道简直妙不可言。

玛丽娜海洋风情堡

400克三文鱼腹肉

适量橄榄油

50克君荙菜幼苗

适量海盐

200克北海虾，去壳

1茶匙青柠汁

半头红洋葱，切丁

少许辣椒面

1根大葱，切细圈

3汤匙基本蛋黄酱（72页）

1茶匙百香果果汁

适量黄油

1 在不粘锅中加热橄榄油，下入三文鱼腹肉煎至双面酥脆，下君荙菜幼苗，和三文鱼一起稍微煎炒，用适量盐调味后盛出，放在厨房纸巾上沥干。用橄榄油、青柠汁、盐、洋葱、辣椒面和大葱给虾调味，使虾肉尝起来鲜嫩辛辣。蛋黄酱和百香果果汁混合，用适量盐调味。

2 切开面包，放入平底锅中，加入适量黄油，将面包切面煎至金黄。给上层和下层面包都涂抹上蛋黄酱，在下层面包上放上君荙菜、掰开的三文鱼和虾肉沙拉。盖上上层面包，立即上桌。

我们推荐

肉饼混合方式：野生三文鱼

肉饼重量：——

肉饼烹饪工具：平底锅

面包类型：土豆面包（20页）

上层面包表面：燕麦片

配菜：薯塔（87页）

酒精饮品：普菲尔曼霞多丽石灰岩干白葡萄酒

无酒精饮品：一杯1℃的冰可乐，不加冰块和柠檬，装在大玻璃杯中

邋遢乔汉堡

400克碎牛肉（至少20%的脂肪含量）

适量橄榄油

半头红洋葱，切丁

1/4头蒜，切末

适量海盐

少许泰国红辣椒，切碎

1茶匙番茄膏

半茶匙烟熏液

4汤匙基本番茄酱（72页）

1~2根欧芹，切碎

1　面包切半，不用再烤一次，这样可以让浓汁馅料更好地粘在面包上。

2　在平底锅中加入橄榄油，下碎牛肉迅速煎炒，接着加入洋葱和蒜一起炒，用适量盐和辣椒调味，倒入番茄膏稍微翻炒，倒入烟熏液、番茄酱并翻炒片刻。将碎肉放在下层面包上，撒上欧芹。盖上上层面包，立即上桌。

我们推荐
肉饼混合方式：碎牛肉
肉饼重量：——
肉饼烹饪工具：平底锅
面包类型：土豆面包（见20页）
上层面包表面：——
配菜：薯塔（87页）
酒精饮品：阿勒-马尼亚啤酒厂印度艾尔啤酒
无酒精饮品：一杯1℃的冰可乐，不加冰块和柠檬，装在大玻璃杯中

菠菜鹌鹑汉堡

适量黄油

6块鹌鹑胸肉

适量橄榄油

适量海盐

200克鸡油菌

适量现磨的胡椒

微量干白葡萄酒

2汤匙法式酸奶油

1~2个番茄，去皮、去子、切丁

1根大葱，切细圈

1　切开面包，放入平底锅中，加入适量黄油煎至切面金黄。

2　在平底锅中加入适量橄榄油和盐，迅速将鹌鹑胸肉带皮的一面煎至酥脆，然后翻面，加入2茶匙黄油熔化至起泡，熄火，盖上盖子，让鹌鹑胸肉焖煮6~8分钟。

3　鸡油菌洗净，确保没有沙子，如有需要可撕成小份，入橄榄油中充分煎炒，用适量盐和胡椒碎调味，浇上白葡萄酒，加入酸奶油稍微熬煮，然后加入番茄丁和葱来回翻炒。最后倒在下层面包上配餐。鹌鹑胸肉切片，也放在下层面包上。盖上上层面包，立即上桌。

提示

迷你汉堡不管在食用上还是制作上都不能复杂，它应当只使用少量基础食材。只有这样，迷你汉堡的味道才完美。这不仅仅只是一份简化了的汉堡食谱，其真正魅力更在于享受不同风味的汉堡。

我们推荐
肉饼混合方式：鹌鹑胸肉
肉饼重量：——
肉饼烹饪工具：平底锅
面包类型：土豆面包（20页）
上层面包表面：芝麻
配菜：薯塔（87页）
酒精饮品：海纳酒厂特酿CMC干红葡萄酒（Cuvée CMC，Wein-manufaktur Heiner）
无酒精饮品：一杯1℃的冰可乐，不加冰块和柠檬，装在大玻璃杯中

韩式加勒比风味汉堡

韩国有一款非常特别的汉堡。这款汉堡的面包使用发面，面饼如同袋子一样半开口，叫作"包"；饼内通常装着炖煮和烤制的猪腩肉。我们借鉴加勒比风味，在这款汉堡中加入炖至超级软嫩的猪排，并搭配了佛手瓜和虾。佛手瓜是一种葫芦科植物，口感介于黄瓜和土豆之间。尽管这款汉堡的食谱中有一些不常见的元素，但它确实是我们的最爱之一。每次制作完，我们都会为了谁可以吃光锅里的食物而争吵。

佛手瓜炖猪排

1个佛手瓜

500克猪排

1汤匙椰子油

1头洋葱，切丁

1头蒜，切碎

适量姜，擦丝

3~4根香菜

1根柠檬草，切半、拍扁

1~2茶匙椰子花糖

1~2茶匙黄色咖喱酱

1个番茄，去皮

适量海盐

400毫升椰奶

100毫升禽肉高汤（272页）

1个青柠，榨汁

1 佛手瓜切半，去子，放在烧烤架上稍微烤炙双面，然后切大块。猪排放在烧烤架上烤炙双面。锅中下洋葱、蒜、姜、香菜杆和柠檬草，用椰子油炒至透明，加入椰子花糖和黄色咖喱酱，同样翻炒片刻，番茄切块下锅中，加入1小撮盐，倒入椰奶和禽肉高汤。

2 将烤好的猪排下锅中，盖上盖子，所有食材用小火炖约1小时，直到

肉变软。盛出猪排，将肉从骨头上剔下，切成小块。挑除锅里的柠檬草和香菜杆，放入佛手瓜，大火熬煮至浓稠。盛出煮熟的佛手瓜，将锅中剩余汤汁倒入搅拌机中搅打至非常细腻。最后将肉和佛手瓜拌入汤汁中，用盐和青柠汁调味，保温备用。

配料

1汤匙腰果

适量橄榄油

2头蒜

适量海盐

4只大虾，去壳、洗净

1根薄荷

1根香菜

1根泰国罗勒

半根泰国红辣椒，切细丝

4汤匙椰子菠萝辣椒蛋黄酱（74页）

1 腰果入平底锅中，用适量橄榄油煎至金黄色，取出备用。1头蒜切薄片，用油煎至金黄色，用适量盐调味备用。

2 虾入锅中，用适量橄榄油和1头压

碎的蒜高温快速煎炒，然后取出切成小块。

3 猪排、虾、腰果、蒜片和辣椒丝拌在一起，如有需要，可再次微调口味。

4 给下层面包涂抹上椰子菠萝辣椒蛋黄酱，放上足量的猪排虾肉沙拉，用薄荷叶、香菜叶和罗勒叶装饰，立即上桌。

提示

刚蒸出来的面包最好吃。

我们推荐
肉饼混合方式：炖猪排
肉饼重量：——
肉饼烹饪工具：烧烤架
面包类型：蒸面包（28页）
上层面包表面：——
配菜：面条和豌豆（94页）
酒精饮品：种植者潘趣酒
无酒精饮品：椰子菠萝柠檬水

优雅度 6/10　　难度 3/5

马赛鱼汤风味汉堡

马赛鱼汤风味汉堡

对于痴迷于美食的人来说，汉堡简直是个小奇迹。几乎没有哪道最爱的菜肴不能作为参考。你的最爱是马赛鱼汤，想过把它制作成汉堡吗？让我们来尝试一下。

马赛鱼汤肉饼

1升鱼肉高汤（271页）

半头蒜，压碎

半茶匙姜，切丁

1根柠檬草，切碎

4汤匙诺利帕特苦艾酒

4只虾或龙虾肉，洗净

20只贝壳，只留肉

4只扇贝，只留肉

适量橄榄油

少量柠檬汁

适量海盐

适量琼脂

1 鱼肉高汤和蒜、姜、柠檬草及苦艾酒一起倒入锅中，煮至剩余1/3的量。熄火，将虾和两种贝肉下汤汁中闷6分钟，取出后切块。选择4个与面包大小相同的模具并涂抹适量橄榄油。然后在其中放入足量的虾贝肉。

2 用柠檬汁和盐给高汤调味，加入琼脂再次煮沸，倒入模具中，汤汁要盖过肉。冷藏备用。

洋蓟

1个柠檬，榨汁

8个小洋蓟

适量海盐

半个黄色菜椒，切丁

1个小茴香头，切丁

1~2根大葱，切细圈

半头蒜，切碎

半头洋葱，切丁

2汤匙橄榄油

微量潘诺酒

200毫升鱼肉高汤（271页）

2根柠檬百里香，摘下叶子

1/4根泰国红辣椒，切末

适量黄油

少量柠檬汁

2~3根莳萝，切碎

1 碗里倒入水、柠檬汁和挤汁后的柠檬。洋蓟洗净，剥掉外层硬叶，并除去内部的毛絮，切成块，逐块放入柠檬水中防止变色，直到所有的洋蓟都处理完毕。将洋蓟入沸盐水中快速焯水。锅中加入适量橄榄油，倒入菜椒、茴香头、葱、蒜和洋葱，炒至透明，浇上潘诺酒并倒

入鱼肉高汤。

2 加入柠檬百里香，下入洋蓟块和辣椒，煮软。用细筛捞出所有食材，大火收汁，直到汤汁仅剩余4汤匙。关火，拌入黄油，用柠檬汁、适量盐和莳萝调味，放回蔬菜，保温备用。

辣椒蒜泥蛋黄酱

1个黄色菜椒

1头蒜，切碎

120毫升及适量用于煎炒的橄榄油

100毫升禽肉高汤（272页）

半茶匙藏红花花丝

适量埃斯佩莱特辣椒粉

1个蛋黄

1小撮海盐

50毫升葵花子油

少量青柠汁

1 菜椒切成4等份，去蒂、去子，入预热至220℃的烤箱中烘烤至辣椒表皮变黑、可以轻易剥离，取出菜椒，在流水下用小刀剥离辣椒皮。

2 蒜入平底锅中，用适量橄榄油稍微

煎炒，浇上禽肉高汤，大火熬煮，加入藏红花和辣椒粉，然后和菜椒一起放入搅拌机中搅打至非常细腻，备用。

3 鸡蛋和盐一起打发起泡，分次加入120毫升橄榄油和葵花子油，直到形成奶油状的酱汁，加入做法2，用盐、青柠汁和辣椒粉再次调味，冷藏备用。

番茄莎莎酱

1-2个成熟多汁的番茄
1/4头洋葱，切小丁
适量橄榄油
少许泰国红辣椒，切末
1茶匙枫糖浆
4汤匙基本番茄酱（72页）

1 番茄顶部剞十字刀纹，去蒂，入开水中快速焯水，然后立即放入冰水中冷却，剥皮，切成4份，去子后切碎。

2 在热锅中加入适量橄榄油快速炒香洋葱丁，放入辣椒，拌入剩余材料，放在一旁备用或冷藏备用。

配料

1根莳萝
1根欧芹
2个绿番茄
适量黄油
适量海盐
1把芥菜苗

1 莳萝和欧芹洗净，切碎。番茄薄薄地切8片。

2 切开面包，放入平底锅中，用适量黄油和盐煎至内侧金黄备用。

3 给下层面包抹上番茄莎莎酱，在上面依次摆上肉饼、洋蓟、番茄片。用芥菜苗、欧芹和莳萝装饰，倒上足量的辣椒蒜泥蛋黄酱。盖上上层面包，立即上桌。

提示

若手边有喷火枪，可以将菜椒表皮烤黑，再在流水下剥去皮。肉饼因为加了琼脂会凝固起来，可以在配餐前用喷火枪将其稍微加热。

我们推荐
肉饼混合方式：马赛鱼汤肉饼
肉饼重量：——
肉饼烹饪工具：——
面包类型：布里欧修面包（22页）
上层面包表面：黄豆
配菜：薯条（86页）
酒精饮品：一杯夏布利干白葡萄酒
无酒精饮品：矿泉水，中等碳酸含量

鸭肉汉堡

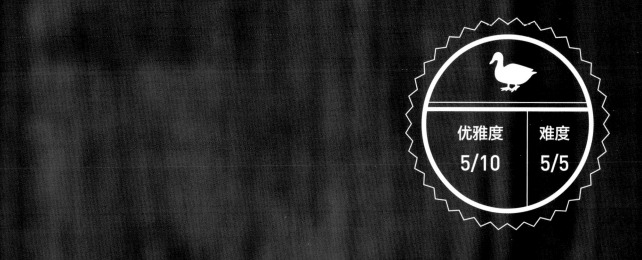

鸭肉汉堡

鸭肉和鹰嘴豆的搭配非常完美，会给你带来美妙的一餐。

鸭胸肉

2块鸭胸肉

适量橄榄油

适量海盐

2小撮卡真粉

半头蒜，压碎

适量黄油

1 鸭胸肉洗净，切除周围多余的脂肪。

2 鸭胸肉放入深口锅中，加入适量水，用中火煮，放在厨房纸巾上沥干，撒上盐调味。

3 鸭胸肉内侧用卡真粉和盐调味。如有需要，在油脂一侧剞上十字刀纹，再用盐调味。在平底锅中加入适量橄榄油，用中火将油脂一侧煎至酥脆，约1分钟后翻面，加入蒜和黄油，煮至起泡。然后将鸭胸肉盛放在烤盘中，入70℃的烤箱中烤15~20分钟。配餐时横向切成薄片。

鸭腿

750克鸭油

3~4根鸭腿

1~2头蒜，压碎

2茶匙杜卡

1~2头洋葱，切4份

2枝百里香

2~3枝迷迭香

适量海盐

1茶匙基本番茄酱（72页）

适量禽肉高汤（272页）

1 鸭油放在陶罐中或陶土烤锅中加热至60℃左右。鸭腿去骨，放入平底锅中或烧烤架上煎烤油脂一侧，蒜也入平底锅中快速煎烤，加入杜卡，混合均匀。鸭腿同洋葱、百里香和迷迭香一起放在陶罐或陶土烤锅中，用适量盐调味。鸭腿必须完全被油覆盖，入85℃的烤箱中用上下火烤至少5~6小时。

2 鸭肉要么放在油中冷却并冷藏备用，要么立即取出并加入适量番茄酱和浓缩禽肉高汤调味。

鹰嘴豆泥

250克干鹰嘴豆

1汤匙小苏打

50毫升及适量用于煎炸的橄榄油

2头白洋葱，切丁

3头蒜，切丁

适量海盐

140克芝麻酱

30毫升柠檬汁

20克黄油

半根泰国红辣椒，切碎

1 鹰嘴豆和半茶匙小苏打一起倒入一个大碗中，加入凉水浸泡过夜。第二天将水过滤掉，并在流水下冲洗鹰嘴豆。

2 在一个大锅中加热适量橄榄油，放入洋葱和蒜炒至透明，加入泡软的鹰嘴豆、剩余的小苏打和适量盐，加入凉水，水位要盖过鹰嘴豆，煮沸后调至中火炖煮2~3小时，直到鹰嘴豆软到可以轻松压碎。用细筛滤出鹰嘴豆，煮豆的水不要倒掉。

3 将鹰嘴豆、芝麻酱、柠檬汁、黄油、辣椒、盐及50毫升橄榄油放入搅拌机中搅打至非常细腻，不时加入适量煮鹰嘴豆的水，搅拌成稳定的奶油质地。搅拌好后再次调味，使做好的鹰嘴豆泥味道浓郁、微酸，趁热配餐。

糖渍橙子

1个橙子

6汤匙枫糖浆

半茶匙橙子油

少量柠檬汁

橙子去皮，横向切薄片。橙子片和枫糖浆一起入平底锅中熬煮，直到水分蒸发、枫糖浆开始焦糖化。熄火，用橙子油和柠檬汁给橙子片调味。放置备用。

洋葱酸辣酱

1~2头洋葱，切丁

适量油

1茶匙蜂蜜

50毫升甜菜汁

50毫升橙汁

100毫升浅色香醋

适量海盐

洋葱入锅中，用适量油煸炒，加入蜂蜜炒至焦糖化，浇上橙汁、甜菜汁和香醋，煮至糖浆状，用适量盐调味，放置冷却。

德国面丝卷

适量德国面丝卷

足量花生油，用于油炸

适量枫糖浆

1小撮海盐

卡塔菲面丝卷入油中炸至金黄，放在厨房纸巾上沥油，淋上枫糖浆，用盐调味。

配料

1把紫苏苗

适量蒲公英叶

适量黄油

适量海盐

1　紫苏苗和蒲公英洗净，撕碎。

2　切开面包，放入平底锅中，用适量黄油和盐煎至切面金黄备用。

3　在下层面包上涂抹上鹰嘴豆泥，依次摆上蒲公英叶、紫苏苗、撕碎的鸭腿肉、鸭胸肉片、洋葱酸辣酱、糖渍橙子片、卡塔菲面丝卷和酥脆的鸭油块。盖上上层面包，立即上桌。

提示

鸭胸肉也可以使用真空低温烹饪法来制作，温度设定为62℃，时间为35分钟。鸭腿使用真空低温烹饪器烹饪时，温度设置为65℃，烹饪时间为24小时。在油脂中冷却并完全被油脂覆盖的鸭腿放入冰箱中，可以保存很长时间。

我们推荐
肉饼混合方式：鸭胸肉
肉饼重量：——
肉饼烹饪工具：平底锅或烧烤架
面包类型：布里欧修面包（22页）
上层面包表面：南瓜子
配菜：牛油果和培根（91页）
酒精饮品：布林德尔迈尔L&T绿维特利纳干白葡萄酒
无酒精饮品：樱桃汁，莫雷洛樱桃

手撕猪肉汉堡

手撕猪肉汉堡

手撕猪肉在超过110℃的烟熏炉中熏制10~14小时后，中心温度达到90℃，变得非常柔软，外面裹着的混合香料几乎变黑了，现在尝起来太美味了，以至于喜欢吃烧烤的人经常因为迫不及待地要品尝而烫伤舌头，他们总是不等过了"冷却期"就迫不及待地下嘴。如果你觉得这一切还不够好，第二天还可以用剩余部分做出绝佳的汉堡。这份食谱由尼尔斯·约拉（Nils Jorra）提供，用酸面包、味噌蛋黄酱、紫甘蓝、苹果斯美塔那酸奶油和榛子制作而成，每一分钟的等待都是值得的。

我们推荐

肉饼混合方式：手撕猪肉
（274页）

肉饼重量：100克或根据心情和喜好及剩下的量决定

肉饼烹饪工具：烟熏炉

面包类型：用木烤箱烘烤的面包或酸面包

上层面包表面：——

配菜：薯片（86页）

酒精饮品：帕尔姆布鲁日三麦啤酒

无酒精饮品：无，搭配啤酒最佳。

味噌蛋黄酱

1汤匙薄盐酱油　　1汤匙味淋

1汤匙橙醋汁　　　微量青柠汁

2汤匙白味噌酱

4汤匙基本蛋黄酱（72页）

所有材料放入搅拌机中，搅打成质地均匀的糊。加盖，冷藏备用。

紫甘蓝

1/4棵紫甘蓝，切碎

1个橙子，榨汁

少许葛缕子，磨细粉

半汤匙黑砂糖

1~2茶匙苹果醋

微量苹果汁

适量海盐

1汤匙榛果油

所有材料混合在一起，轻轻抓捏使调料与紫甘蓝充分混合。

苹果斯美塔那酸奶油

400毫升混浊苹果汁

适量蜂蜜

200毫升斯美塔那酸奶油

苹果汁倒入锅中煮至糖浆状，加入蜂蜜后再次收汁。汤汁冷却后，拌入斯美塔那酸奶油。

配料

适量蔗糖

1汤匙榛子仁，烤熟、捣碎

400克手撕猪肉（274页）或者更多

适量黄油

100毫升酱金牌黑酱、畜肉高汤或调味肉汁（271页、272页）

4片用木烤箱新鲜烘烤的面包或酸面包

适量橄榄油

适量海盐

1个苹果，粉红女士品种

2根大葱，切圈

1把辣辣菜幼苗

适量新鲜磨碎的辣根

1 取1汤匙糖和少许水一起倒入锅中煮开并收汁，放入榛子仁并不断搅拌，用中火煮至焦糖化，冷却备用。

2 手撕猪肉放入平底锅中，用适量黄油煎烤，倒入酱金牌黑酱，大火收汁，如有需要可稍微调味。

3 面包片放入平底锅中用适量橄榄油和盐煎至双面酥脆，放在平底锅中冷却备用。

4 苹果纵向擦丝。葱放在平底锅中用适量黄油煸至透明，加入盐和1小撮糖调味。切碎菜苗。

5 给两片面包涂抹上味噌蛋黄酱，依次摆上手撕猪肉、紫甘蓝、葱、苹果丝、辣辣菜幼苗、辣根、焦糖化的榛子仁和苹果斯美塔那酸奶油，盖上另一块面包（未涂抹蛋黄酱），立即上桌。

提示

如果用手揉捏紫甘蓝，请提前戴上手套。若手已经染红了，可以用适量酸性物质洗干净，如挤掉汁的橙子。如果喜欢新鲜的蒜味，可以等面包烤好后，用1瓣新鲜的蒜擦拭面包片内侧。

梨挞冰淇淋汉堡

人们常说醉酒时不应该烹饪或烘焙，但塔坦翻转挞的发现早已推翻了这一说法。如今，它是法国烘焙艺术中的经典之一。年长的两姐妹肯定是在烘焙时犯了些错误，把梨放在挞的下面，最后又将挞翻了过来，哎，一切都太复杂了！这款酥皮汉堡搭配了焦糖化的梨和脱脂牛奶冰淇淋，简直是太赞了：口感冷热交替，酥脆多汁。制作简单，味道香甜。来吧，开始制作吧！

梨挞

4汤匙蔗糖

100毫升梨汁

1根香草荚，取出香草籽

4汤匙黄油和适量用于涂抹的黄油

3~4个成熟的梨

4张酥皮

糖放入锅中炒至焦糖化，浇上梨汁煮至糖浆状，加入香草荚和香草籽及黄油搅拌均匀，形成浓稠黄油梨汁。未削皮的梨去核，切成片状。酥皮切成所需的大小。在烤盘上铺上烘焙纸，刷上黄油，将酥皮片并排放在烘焙纸上，梨片呈扇形摆在酥皮上。用刷子在上面均匀抹上刚刚煮好的黄油梨汁，放进预热至175℃的烤箱中烘烤12~15分钟，烤至金黄。

焦糖酱

150克蔗糖

50毫升梨汁

50毫升奶油

1小撮海盐

糖放入锅中，中火炒至焦糖化。浇上梨汁和奶油，大火煮至所需的浓稠状态，加1小撮盐调味，最后倒在碗中，备用。也可灌进挤压瓶中。

脱脂牛奶冰淇淋

1个软梨

500毫升脱脂牛奶

100克希腊酸奶（10%）

2~3汤匙蔗糖

1汤匙基础质地膏或2~3片明胶，泡软

少量柠檬汁

未削皮的梨去核，将所有材料一起倒入搅拌机中搅打至非常细腻，倒进钢杯（Pacojet品牌）中，冷冻20小时。如有需要，可以用冰刨刨冰，或者在冰淇淋机中加工至成为冰淇淋质地。也可以在搅打至非常细腻后先完全冷冻，然后在搅拌机中迅速搅打至奶油状，再冷冻大约30分钟。

梨沙拉

400毫升鹿梨汁

2个梨

1~2汤匙接骨木花糖浆

微量柠檬汁

梨汁倒入锅中煮至糖浆状。将梨削皮，去核，梨肉切成小丁，入梨汁锅中煮1分钟，用接骨木花糖浆和柠檬汁调味。然后盖好放在冰箱中腌制1~2小时。

配料

1把白苏苗

梨挞烤好后冷却，倒上梨沙拉，放上1球脱脂牛奶冰淇淋，淋上焦糖酱，并用白苏苗装饰。将一个梨挞翻转过来，梨片朝下，盖在上面，立即上桌。

提示

焦糖酱应煮得特别稠，以便淋到冰淇淋上时呈现出稍微黏稠的状态。鹿梨汁可以用苹果汁或混合梨汁替代。梨挞也可以放在小平底锅里或小圆形烘烤盘中用传统方式烘烤。

梨挞冰淇淋汉堡

水果冰淇淋甜点汉堡

许多人喜欢汉堡，但喜欢甜点的人更是不计其数。既然如此，为什么甜点汉堡会那么少见呢？甜点汉堡的优势非常明显：在有突发情况时方便携带。如果外面有精彩的烟花表演，就可以直接拿起这款甜点汉堡跑出去了。也许不久后我们会惊讶地问："在没有甜点汉堡的日子里，我们到底怎么过的？"

香蕉

3~4根香蕉

2汤匙枫糖浆

适量柠檬汁

200毫升椰奶

香蕉去皮，剥掉韧皮束，横向、纵向分别切半。枫糖浆和柠檬汁入锅中熬煮，浇上椰奶，熬煮收汁。香蕉块下锅中，快速烫煮后放在烧烤架上稍微烤一下两面。

蟠桃

2~3个蟠桃

2汤匙蔗糖

200毫升桃汁、桃泥或混浊苹果汁

微量浅色香醋

2汤匙桃子果酱

少许香草

少许原味咖喱粉，古老香料局生产

1汤匙黄油

1 蟠桃切片。

2 蔗糖下锅中炒至焦糖色，倒入桃汁，煮至糖浆状，加入醋、桃子果酱和蟠桃片，熬煮片刻，收汁，加入香草、咖喱和黄油调味后，即可配餐。

椰子冰淇淋

300克椰泥（宝茸牌）

2根成熟的皇帝蕉，去皮

150克酸奶（3.5%）

2~3汤匙蔗糖

1汤匙基础质地膏

少量柠檬汁

所有材料一起放入搅拌机中搅打至细泥状。接下来，可以选择将其倒入冰淇淋机中搅拌，直至呈冰淇淋状。或者将搅打后的细泥状混合物放入一个宽口容器中冷冻，之后将其敲碎并再次放入搅拌机中快速搅拌至奶油状，然后再冷冻大约30分钟。

配料

适量黄油

4汤匙能多益榛果巧克力酱

适量肉桂罗勒

1 切开面包，放入平底锅中，用适量黄油煎至切面金黄备用。

2 给下层面包涂上巧克力酱，依次放上香蕉、蟠桃和罗勒叶，接着在每块面包上放1球椰子冰淇淋。盖上上层面包，立即上桌。

提示

也可以把冰淇淋原料倒入钢杯中，冷冻后刮取出来。如果没有冰淇淋机和钢杯，那就赶紧去买吧……开个玩笑！普通的香草冰淇淋或非常清爽的脱脂牛奶冰淇淋也是很好的选择。

我们推荐

肉饼混合方式：香蕉

肉饼重量：——

肉饼烹饪工具：烧烤架

面包类型：布里欧修面包（22页）

上层面包表面：——

配菜：椰子冰淇淋

酒精饮品：从一个新鲜的绿色椰子中取出的椰奶，配上一小口朗姆酒和吸管

无酒精饮品：略带甜味的冷藏脱脂牛奶

泡芙汉堡

我们偶尔会在高级料理中遇到零陵香豆，这是一种较为特别的食材。它们的香气可与香草荚相匹敌，能大大增强奶油馅料的风味。

我们推荐

肉饼混合方式：酸浆 / 蓝莓

肉饼重量：——

肉饼烹饪工具：汤锅

面包类型：泡芙面包（28页）

上层面包表面：糖粉 / 甜雪粉

配菜：——

酒精饮品：洛克兰酒庄巧克力盒
赤霞珠干红葡萄酒

无酒精饮品：橙味牛奶

海盐焦糖酱

150克蔗糖

50毫升橙汁

50毫升奶油

适量海盐

糖放入平底锅中，中火炒至焦糖化，浇上橙汁和奶油，大火收汁，加入适量盐调味。最后倒入碗中备用，或灌在挤压瓶中。

零陵香豆酱

2~3片明胶

125毫升奶油

30克糖

25毫升枫糖浆

1个蛋黄

125毫升牛奶

半根香草荚，只留香草籽

2小撮磨碎的零陵香豆

1 明胶泡入凉水中，奶油打发至硬性发泡。在一个小锅中加入糖和枫糖浆煮沸后隔热水放置，加入蛋黄，不断搅打成泡沫状，直到汤汁略微凝固。在另一个锅中倒入牛奶、香草籽和零陵香豆，加热。放入明胶，使其在热牛奶中溶化。

2 把蔗糖蛋黄糊倒入牛奶中，隔凉水打发至轻微凝固，拌入奶油，冷藏至少1小时，然后再次稍微打发酱汁，倒入裱花袋中，冷藏备用。

水果

1盒酸浆

100克蓝莓

50毫升橙汁

适量黄油

适量糖粉

摘掉酸浆的叶子，将酸浆和蓝莓都切半。橙汁倒入锅中大火收汁，放入黄油溶化，放入水果翻炒片刻，撒上糖粉，放置冷却。

焦糖坚果

2汤匙碧根果仁

1茶匙蔗糖

1小撮海盐

1汤匙水

碧根果仁粗略切碎，下锅中无油干炒。加入糖、盐和水，将糖溶化后熬煮收汁，在水蒸发完以前，加入碧根果仁，调至中火不断搅拌炒至焦糖化。放置冷却备用。

配料

适量巧克力薄荷

2汤匙糖粉

切开泡芙，倒上零陵香豆酱、水果、焦糖坚果和海盐焦糖酱，用巧克力薄荷叶和糖粉装饰，立即上桌。

提示

焦糖酱可以长时间储存。但要注意，储存的焦糖酱要密封好，并且不要用已经用过的勺子再次去挖焦糖酱。

优雅度
5/10

难度
2/5

大黄草莓布丁汉堡

我们能不能像炸柏林果酱包那样油炸汉堡面包呢？可以的。实际上，我们确实在这样做！所以现在保持安静，去角落里剥大黄吧！

糖渍草莓

200克草莓

2汤匙接骨木花糖浆

草莓洗净，切成块，用糖浆腌制，搁置备用。

布丁

18克淀粉

100毫升牛奶

150毫升奶油

1~2汤匙蔗糖

1汤匙黄油

1根香草荚，取出香草籽

1小撮盐

30毫升新鲜芒果泥

将淀粉与50毫升牛奶混合，搅拌至无块状，加入除芒果泥以外的剩余材料，煮沸，调至中火熬煮至汤汁呈浓稠的浆状，在此过程中要不断用打蛋器搅拌。将布丁盖好，放入冰箱冷藏。将冰镇布丁和芒果泥混合搅打均匀并再次放入冰箱冷藏。

大黄

1小块姜

2~3根德国大黄

1~2汤匙蔗糖

300毫升德国大黄汁

少许香草籽

适量柠檬

姜去皮，剥去大黄上的木质纤维，两者都切成薄片。糖放入锅中炒至焦糖化，加入姜和大黄汁，煮至糖浆状，下大黄片煮沸，轻轻搅拌，放入香草籽，根据口味加入柠檬，然后盖上，放在一旁冷却。配餐时挑除姜。

薄荷

2~3根薄荷

足量花生油，用于油炸

8汤匙枫糖浆

摘下薄荷叶，放入热油中炸，捞出放入枫糖浆中浸泡1天左右。

配料

2~3汤匙蔗糖

1块黑巧克力（可可含量最低70%）

面包入热油中炸好，放在厨房纸巾上沥干，然后在糖中滚一圈。切开面包，依次放上布丁、大黄、薄荷和糖渍草莓。用擦丝器擦出适量黑巧克，撒在草莓上。盖上上层面包，立即上桌。

提示

这款汉堡是终极诱人甜点。此食谱不能更改或调整，因此这里我们没有给出任何建议。

我们推荐
肉饼混合方式：草莓和德国大黄
肉饼重量：——
肉饼烹饪工具：生食和煮熟
上层面包表面：蔗糖
面包类型：泡芙面包（28页）
配菜：糖渍草莓
酒精饮品：2013年格莱士酒庄精选级雷司令葡萄酒
无酒精饮品：橙味牛奶

優雅度 5/10 | 難度 2/5

芒果寿司汉堡

寿司确实很不错，在本书中，我们用烤芒果和脆米饼制作出了甜甜的寿司甜点。因为这款汉堡的口味很大程度上依赖于芒果的香味，所以我们建议使用成熟的泰国芒果。

马齿苋

50毫升糖浆

1个青柠，榨汁

适量新鲜马齿苋

糖浆和青柠汁混合，倒入平底锅中煮沸，将马齿苋放入焯烫片刻，即可用来配餐。

芒果

1汤匙蜂蜜

1汤匙味淋

1汤匙椰子花糖

半个青柠，榨汁

1汤匙米醋

适量黄油

2~3个新鲜芒果

1个百香果

1/4茶匙肉桂子，磨粉

1/4根泰国红辣椒，切末

适量海盐

1 蜂蜜、味淋和椰子花糖倒入锅中煮至糖浆状，浇上青柠汁和米醋，最后加入黄油搅拌均匀直至汤汁变稠。

2 取1个芒果削皮，果肉纵向切成4厘米×2厘米的片，再用切模切成与面包相匹配的大小，放在烧烤架上

两面都烤酥脆，最后放做法1中浸泡至少2小时。

3 剩下的芒果切成小丁。百香果切半，用勺子刮出果肉，与芒果丁混合在一起，拌成沙拉。剩余的（不太美观的）芒果丁用搅拌机搅打成泥，拌入芒果沙拉中。用肉桂子、辣椒、盐和部分做法2的汁给沙拉调味，使沙拉尝起来有甜辣味。

糯米

2杯糯米

1杯椰奶

1杯椰果泥

4汤匙棕榈糖

2小撮海盐

2片青柠叶

1根柠檬草

2~3片姜

1汤匙烤椰蓉

1 糯米倒在筛子中，用温水冲洗，直到水不再混浊。接着将糯米倒入碗中，加水，水量要盖过米，盖住碗，在常温下浸泡6小时。倒掉泡米水，在高压锅或蒸锅中蒸20~30分钟，直到米软糯、有黏性，但不要蒸成糊状。

2 除椰蓉以外的剩余材料入锅中熬煮

至汤汁剩下2/3。然后用筛子过滤后倒进已蒸熟的糯米中，盖好，保温备用。配餐前拌入烤椰蓉。

配料

8块米饼

1汤匙椰蓉

1汤匙糖渍木瓜，切成小块

将适量糯米用甜点环压制成型，放上烤芒果，一起放在一块米饼的中心（总共要在4块米饼上放芒果糯米）。将芒果沙拉和椰蓉、糖渍木瓜拌在一起，倒在烤芒果上，最后在上面放上马齿苋。盖上另一块米饼，立即上桌。

提示

糯米塑形后，可以在平底锅中加适量黄油将糯米饼双面煎至酥脆。

优雅度
5/10

难度
2/5

樱桃土豆联盟汉堡

土豆和樱桃？乍看之下这似乎不是一个常见的组合。但有了香草布丁这位"奶油般润滑的使者"，再加上"焦糖苹果军队"的强力助攻，它们结成了联盟，这一联盟将会被我们的朋友所传颂。

土豆

1个鸡蛋	1小撮蔗糖
5~6个高淀粉土豆	1小撮海盐
少许肉蔻衣	
足量油，用于油炸	

1 鸡蛋和糖一起打发起泡。土豆削皮，用粗刨刀刨成丝，挤出水分并收集这些水，等待其自然沉淀以分离出淀粉。将土豆和鸡蛋混合，用肉蔻衣和适量盐调味。将沉淀在水底的淀粉加入土豆中。

2 用环形模具将土豆混合物做成8个大小相同的土豆饼，入烧热的油中炸至两面金黄，放在厨房纸巾上沥油，保温备用。

苹果

4个苹果，粉红女士品种
2汤匙蔗糖
1~2汤匙枫糖浆
适量黄油
300毫升混浊苹果
1根香草荚，取出香草籽

1 用水果去核器去除1个苹果的果核，然后将其横切成8片。在平底锅中将1汤匙糖烧成焦糖，浇上枫糖浆，调至中火，放入苹果片煮大约15分钟。

2 剩下的苹果去皮、去核，切小块，放入锅中用黄油和1汤匙糖煎至焦糖化，倒入苹果汁，将苹果煮软并收汁，加入香草籽。苹果块煮软且汤汁收好后，将其倒入搅拌机中搅打成苹果果酱。如有需要可再次调味，然后盖好冷藏。

樱桃

1~2汤匙蔗糖
1~2个八角
1~2粒肉桂子
400毫升樱桃汁，莫雷洛樱桃
适量大豆卵磷脂
16~20颗樱桃

1 糖倒入锅中烧至熔化并炒至焦糖化，加入八角和肉桂子，浇上樱桃汁，收汁至剩余一半汤汁。调味，根据包装盒说明加入大豆卵磷脂，搅打成稳定的泡沫。

2 樱桃切半、去核，切块，放入做法1中腌制约2小时。

布丁

15克淀粉	100毫升牛奶
100毫升奶油	1~2汤匙蔗糖

1汤匙黄油
1根香草荚，取出香草籽
1小撮盐

将淀粉与50毫升牛奶放入锅中充分搅拌至无颗粒状，加入剩余材料煮沸，调至中火继续熬煮，在此过程中不断用打蛋器搅拌，直至汤汁变成浓稠的浆状。盖好布丁，放入冰箱中冷藏。将冷藏后的布丁再搅打一遍，重新放入冰箱冷藏。

配料

给4块土豆饼上涂抹足量的布丁，放上苹果片和苹果果酱，接着将樱桃和樱桃泡沫一起放在上面，盖上另一块土豆饼，立即上桌。根据前一道菜品的丰盛程度，可以选择是否上第二块土豆饼。

提示

务必备足餐巾纸！

基础配料食谱 / 技法

焯水

1升水

12克海盐

4克蔗糖

所有材料倒入锅中，用打蛋器搅拌，使糖和盐溶化。把水烧开，将要焯烫的食材放入其中，焯烫几分钟（具体时间根据食材而定）。随后捞出食材，并立即放入冰水中，这时食材的中心温度将降到2℃。

出汁（日式高汤）

1大块昆布（15厘米见方）

1升矿泉水

1杯木鱼花

1 用湿布轻轻擦拭昆布，但不要擦掉上面的白霜，因为其中包含很多风味。

2 昆布用常温水浸泡，水位要盖过昆布，静置一夜。

3 第二天取出昆布，轻轻挤出水分，然后将泡昆布的水倒入锅中，用小火加热至微腾，熄火，在锅里加入木鱼花，浸泡20~25分钟。随后用非常细的滤袋或滤布将高汤滤入碗中，期间不要搅拌。出汁冷藏存放。

鸭肉酱

1只鸭子

2头蒜

4头红葱头

3枝墨角兰

2升禽肉高汤

30毫升清黄油

10毫升干邑

10毫升波尔图葡萄酒

1枝北艾

适量海盐

1 去除整只鸭子的油脂，治净。鸭骨和鸭架分开放在烤盘上，入预热至160℃的烤箱中烤20分钟。

2 鸭油放入煎锅中，用小火烧熔化至少30分钟，期间不时搅拌。蒜和红葱头切成小丁，拌入鸭油中，炸至金黄色。随后将鸭腿、鸭翅、鸭胸和2枝墨角兰放入已经稍微熔化的鸭油中，再加入鸭骨和鸭架，倒入禽肉高汤，煮沸，然后改小火炖约35分钟，熄火，再浸泡35分钟。取出鸭胸和鸭腿，盖好，放凉。接着将鸭胸和鸭腿的肉粗略撕块，放在冰箱里冷藏。

3 做法2的汤开小火慢炖2~3小时，期间撇去浮在上面的油脂，并通过细滤袋或过滤布过滤高汤。冷藏过夜。

4 取出凝固的油脂，与澄清黄油一起入锅中熔化。将肉汤倒入锅中煮沸，大火收汁，加入干邑和波尔图葡萄酒，继续煮5分钟，在熄火前加入剩余的墨角兰和北艾，浸泡5分钟。挑除墨角兰和北艾，并将收好汁的高汤倒入撕碎的肉中，小心地混合，如有需要，加入适量盐调味，加入部分鸭油与肉拌在一起。

5 将肉装进玻璃密封罐中，在上面覆盖上剩余的鸭油，冷藏备用。

6 也可以用其他类型的肉制作，如鸡肉或猪肉。为了保存得更久，可以将热鸭油倒在肉上，盖上盖子密封保存。

馅料

1 肉馅与肉店灌香肠的肉非常相似。两者的原理是一样的。理想情况下，肉或鱼会经粗绞、冷却、细绞成肉末，拌入奶油、鸡蛋、细磨的白面包和香料。通常还会添加与要制作的菜肴相匹配的烈酒，也经常用到切碎的香草。

2 为了让馅料更具有特色，特制的混合香料不可或缺。用菠菜汁、各种果蔬颗粒（如甜菜）、果汁来替代奶油同样非常受欢迎，因为它们可以给馅料添加色彩。炒过的蔬菜丁，如蘑菇、西葫芦、圆白菜或根茎类蔬菜，都为食物增添了风味。

3 馅料的世界几乎是无穷无尽的，根据个人口味和制作方式不同可产生不同的口味。馅料中的白面包增添了一种轻盈感。加入高汤或烤肉汁可以让馅料味道更加浓郁。

250克肉（或鱼）

1块白面包（去皮）

1茶匙调料

1汤匙香草

1个鸡蛋（可不要）

80~100毫升奶油

50毫升禽肉高汤（272页）

2~3小撮海盐

1 先将冷冻过的肉粗绞，然后在冷冻柜里冷冻大约30分钟，这样可以防止在绞肉过程中发生凝固现象。绞肉时可以把白面包放入肉中绞碎。

2 在食物料理机中将粗绞的肉与相应的调料、香草或染色食材混合，搅打形成非常松软的、如奶油一样均匀光滑、有光泽的质地。在此过程中，慢慢加入较凉的奶油，直到浓稠度适宜。奶油越多，馅料越蓬松。在使用料理机搅打的过程中，通常会加入冰块或碎冰，以保持馅料所需的温度。我们的建议是：提前将浓郁的禽肉高汤冻在冰块模具中，并用这些高汤冰块代替普通冰块（这绝对会给馅料增添风味）。

3 可以拌入一个鸡蛋，并混合均匀，通常没有必要，但对于黏合性不好的白色鱼类则值得一试。最后用盐调味并迅速将馅料装到容器中备用。肉馅必须当天使用和食用。

酥皮

150克面粉（另备适量手粉）

40毫升水

2茶匙橄榄油

微量果醋

1小撮海盐

适量油，用于涂抹

适量黄油，用于涂抹

将前5种材料揉成光滑柔韧的面团。给面团涂抹适量油，盖好，在温暖的地方静置30分钟。在温暖的工作台上将面团均匀擀薄，接着将面团放到撒有手粉的大布上，用双手缓慢且均匀地将其拉得非常薄。当面团被拉得足够薄时，涂上黄油。根据需要进一步处理。

鱼肉高汤

4根胡萝卜，去皮

1根欧防风，去皮

5头红葱头

2个茴香头

6根芹菜

1/4根泰国红辣椒，去子

适量油

适量海盐

1千克鱼骨和鱼块

2升凉水

100毫升干白葡萄酒

100毫升诺利帕特

10克姜，去皮

3根新鲜龙蒿

1头蒜，压碎

1/4茶匙茴香子

1/4茶匙香菜

1个八角

1 前5种材料粗略切成小块，拌入适量油和盐，放在烤盘上，入140℃的烤箱中烘烤45分钟。

2 之后将所有食材倒入锅中，加热至沸腾，慢炖45分钟，同时撇除肉汤中的油脂和杂质。用筛子过滤高汤，再通过滤布进一步过滤，再次倒回锅中熬煮至剩余一半汤，倒入螺口玻璃瓶中，拧紧后迅速冷却。冷藏储存，备用。

注：用这种方法制作的鱼肉高汤可以保存整整半年。

畜肉高汤

4根胡萝卜，去皮

1棵小根芹

1头洋葱

适量植物油，用于煎烤

适量海盐

1头蒜，压碎

1.5千克畜肉块和骨头

2升凉水

50毫升酱油

4根欧芹

2根迷迭香

2根百里香

半茶匙香菜子

半茶匙多香果

1 胡萝卜、根芹和洋葱切小块，加入适量植物油和盐拌匀，铺在烤盘上，入140℃的烤箱中烤大约30分钟，使其中的果糖焦糖化。随后在锅中加入适量油略微翻炒蔬菜，加入蒜继续翻炒片刻。

2 将骨头和肉块放在另一个烤盘上，入140℃的烤箱中烤约1小时。

3 取出后和做法1、水、酱油一起入锅中煮沸，调至小火炖6小时。期间不断撇去浮在表面的油和杂质。在烹饪快结束时，加入第10~14种材料，熄火静置几分钟。

4 接下来，先用筛子过滤肉汤，然后再用滤布过滤一遍。将过滤后的肉汤倒回锅中熬煮至汤汁剩余一半，稍微调味，趁热装入螺口玻璃瓶中密封。立即冷却，冷藏储存。

注：用此方法制作的肉汤/高汤可以保存整整半年。

禽肉高汤

4根胡萝卜，去皮

半棵根芹，去皮

1头洋葱

适量植物油，用于煎烤

适量海盐

1头蒜，压碎

1块核桃大小的姜，去皮后切碎

2千克家禽骨头

2升凉水

1个番茄，分4份

50毫升酱油

4根欧芹

3枝百里香

半茶匙香菜子

1 胡萝卜、根芹和洋葱切小块，加入适量油和盐拌匀，均匀地铺在烤盘上，入140℃的烤箱中烘烤35分钟，使其焦糖化。最后加入蒜和姜一起烘烤片刻。

2 将家禽骨头与做法1、水、番茄和酱油一起放入锅中，煮沸后转小火炖4小时。期间不断撇去浮在表面的油和杂质。在烹饪快结束时，加

入欧芹、百里香、香菜子，熄火，静置几分钟。

3 先用筛子过滤一遍高汤，再用滤布过滤一遍，然后将汤倒回锅中煮至剩余一半，趁热装进螺口玻璃瓶中，拧紧瓶盖，迅速冷却，冷藏备用。

蔬菜高汤

6根胡萝卜，去皮

1棵根芹，去皮

1个茴香头

6头洋葱

适量油，用于煎烤

适量海盐

2块肉蔻衣

2片月桂叶

4根墨角兰

1/4茶匙香菜

1/4茶匙多香果

1/4根泰国红辣椒

4个番茄，各分4份

50毫升酱油

2升水

100克干蘑菇，泡发

8根欧芹

半把法香

1 胡萝卜、根芹、茴香头和洋葱切粗丁，加入油和适量盐拌匀，均匀铺放在烤盘上，入140℃的烤箱中烘烤35分钟。

2 在锅中放入肉蔻衣、月桂叶、墨角兰、香菜、多香果和辣椒炒片刻，加入做法1、番茄和酱油，稍微熬煮后倒入水，下蘑菇，再次煮沸，小火熬煮1小时，熄火静置45分钟。期间不断撇去浮在表面的油和

杂质。烹饪快结束时，加入欧芹、法香和适量盐，再焖煮几分钟。

3 先用筛子过滤一遍高汤，再用滤布过滤一遍，然后将汤再倒回锅中煮至剩余一半，趁热装进螺口玻璃瓶中，盖紧瓶盖，迅速冷却，冷藏备用。

干番茄/半干番茄

100克圣女果

3~4枝百里香和迷迭香

1小撮蔗糖

适量冷榨橄榄油

1小撮海盐

1 圣女果横向切半。百里香和迷迭香摘好叶子，与其他材料混合在一起。

2 圣女果切面朝上放在烤垫上，入62℃的烘干机或略微打开烤箱门的烤箱中烘干至少4小时。

调味肉汁

1千克小牛骨

1千克家禽骨头

4根胡萝卜，去皮

半棵根芹，去皮

3头洋葱

适量菜籽油，用于煎炒

4汤匙甜菜糖浆

2升红酒

200毫升酱油

500毫升深色香醋

100克番茄膏

1头蒜，压碎

3根百里香

3根迷迭香

4片月桂叶

1茶匙香菜子

3升凉水

收汁部分

200毫升红酒

100毫升香醋

80毫升酱油

2头蒜

2根迷迭香

2根百里香

2汤匙甜菜糖浆

结合部分

土豆淀粉

适量水

1 小牛骨和家禽骨头放在烤架上,入180℃的烤箱中烤35~40分钟。

2 胡萝卜、根芹和洋葱切成小块,入锅中用适量油略微煎炒,再加入甜菜糖浆炒至焦糖化,分别倒入各1/3的红酒、酱油和香醋,煮成糖浆状,并稍微翻炒,再加入各1/3的红酒、香醋和酱油。重复这个过程,最后加入番茄膏、蒜、百里香、迷迭香、月桂叶、香菜子,翻炒片刻后倒入凉水。

3 煮开后转小火慢煮至少18小时。期间不断地撇去浮在表面的油和杂质。然后用细筛过滤肉汁,过滤好后将肉汁再倒回锅中煮至剩余一半。

4 将收汁部分的所有材料煮至糖浆状,倒入做法2,用一块非常细的滤布进行过滤。之后在煮开的肉汤中加入适量土豆水淀粉勾芡。最后趁热装入带密封圈的螺口玻璃瓶中。

芝士汤 / 帕玛森芝士汤

1.2升水

600克帕玛森芝士

1 取1升水倒入不粘锅中煮沸,将帕玛森芝士连同其边缘切成块,放入锅中,用最小火煮约45分钟。

2 接着用细筛过滤芝士汤,再用200毫升水煮沸芝士的乳清,熄火,静置15分钟。然后用细筛过滤,并将其倒入剩余的芝士汤中。

香草油

1把百里香、迷迭香或其他香草

150毫升橄榄油或菜籽油

1 香草洗净,自然风干,避免水混入油中。

2 油倒入锅中加热至40℃,熄火,香草放入油中。香草油需密封好,在阴凉的地方放置至少两天。

牛尾

2根胡萝卜

1/4棵小根芹

1头洋葱

400克牛尾

适量橄榄油,用于煎烤

1小撮海盐

1茶匙甜菜糖浆或蔗糖

6汤匙深色香醋

4汤匙老抽

150毫升波尔图葡萄酒

300毫升干红葡萄酒

4枝百里香

2枝迷迭香

1头蒜

1汤匙番茄膏

适量松露黄油

1 胡萝卜、根芹及洋葱切大块。牛尾切块。

2 在砂锅中烧热适量橄榄油。牛尾入锅,用高温将肉的各个面煎好,加入盐调味。盛出牛尾块,放入胡萝卜、根芹、洋葱,高温煎炒,直到炒至焦糖化,蔬菜变成棕色,倒入甜菜糖浆,稍微炒至焦糖化,浇上香醋和老抽后适量收汁,倒入波尔图葡萄酒,再次收汁,倒入200毫升红酒,熬煮至汤汁开始变焦。

3 百里香、迷迭香洗净、甩干,摘下叶子。蒜拍碎。番茄膏、百里香、迷迭香和蒜入锅中翻炒片刻,最后倒入剩余的红酒,适量收汁。

4 放入牛尾,倒入水,水位盖过所有食材。煮开,撇掉浮油和杂质。牛尾煮软后取出,稍微放凉,从骨头上剔下仍然温热的肉。

5 酱汁用细筛或滤袋过滤,继续煮至焦糖化。牛尾肉切碎,用煮好的酱汁及适量松露黄油腌制,备用。

辣椒高汤

300克熟透的芳香番茄

8个红尖椒

1/4把百里香

1/4把迷迭香

半头蒜

50毫升水

半个有机柠檬,榨汁

1小撮海盐

1小撮糖

1/4根泰国红辣椒

1 番茄切块，红尖椒去子、切块。

2 百里香、迷迭香洗净、甩干、摘好叶子。蒜切片。

3 番茄块、红尖椒块和水、柠檬汁、盐、糖一起倒入搅拌机中打成细泥。快打好时，放入百里香、迷迭香、泰国红辣椒和蒜粗略切碎，然后用非常细的滤袋或滤布过滤所有食材。只留下清汤部分。

干辣椒高汤

与正常的辣椒高汤的制作方法相同。不过在此之前，应该先将番茄块与盐、糖和蒜混合，倒在烤垫上摊开，入62℃的烘干机中干燥约4小时。不要过度调味，因为干燥过程会显著增加风味，尤其会提高含盐量。

青酱

1把欧芹
半把罗勒
3汤匙烤夏威夷果
6汤匙橄榄油
2汤匙番茄高汤（275页）
2汤匙陈年佩科里诺芝士，刨丝
少许烤蒜
适量海盐

1 欧芹、罗勒洗净、擦干、切碎。夏威夷果同样切碎。

2 所有材料一起放入搅拌机中搅拌成细腻的青酱，倒入带密封圈的螺口玻璃罐中密封，冷藏保存。

注：如果有真空包装机，可以将罐子完全真空密封，这样可以确保青酱的颜色和保质期。

手撕猪肉

约10份

所需设备

烟熏炉或水熏烤炉，食品测温计

2头蒜
适量橄榄油
70克甜味红椒粉
12克辣味红椒粉
6克葛缕子，整棵
6克香菜子
6克芥末子
4克花椒
3克孜然
3克肉桂子
2克茴香子
120克黑砂糖
70克海盐
4千克猪肩肉（波士顿猪肩，美式切割）
120克提前泡水的山核桃木屑

1 蒜切碎，在平底锅中加入适量橄榄油，将蒜炒至金黄色。

2 在平底锅中不加油稍微炒香两种红椒粉、葛缕子、香菜子、芥末子、花椒、孜然、肉桂子、茴香子，然后将其与蒜一起碾碎，拌入糖和盐。将调好的混合调料均匀抹在猪肩肉上。用铝箔纸包裹猪肉或用真空袋真空密封，将肉腌制至少12小时（如果不着急，强烈建议将腌肉时间翻倍）。

3 烟熏炉预热至115℃，若使用的是水熏烤炉，需要给里面灌上2.5升温水并预热。食品测温计插入肉中间。猪肩肉放在烧烤架上，将1/4木屑均匀撒在炭上，每30分钟撒一

次共撒4次。当核心温度达到90℃时，猪肩肉就熟了，这可能需要10小时。之后静置30分钟，将肉撕成小块。

注：应该精确计划烹饪的开始时间，否则你得在夜间设置闹钟。但这有个好处，可以向喜欢吃肉的朋友炫耀你的早餐，当然也可以展示给其他人，他们肯定会馋涎欲滴。

提示：新鲜撕碎的烤猪肉搭配适量蜂蜜、芥末或Bbque的烧烤酱及牛心菜和胡萝卜沙拉（92页）夹在现烤的面包中，味道最好。

烤培根

不带皮的整块烟熏培根

1 使用切片机将培根切成极薄的片，放在铺有烘焙垫或烘焙纸的烤盘上，再盖上另一块烘焙垫或烘焙纸。在上面压一个烤盘，入预热至165℃的烤箱中烘烤约18分钟，将培根片烤脆。然后从烤箱中取出，待培根凉后放入密封盒中，备用。

2 如果更喜欢波浪形的培根片，可以不用在上面压烤盘，或者用中火在不粘锅中将培根片双面煎至金黄酥脆。从锅中取出，放在厨房纸巾上吸油并冷却。

3 当然也可以使用在超市购买的培根，但大多数切片过厚。如果没有切片机，可以请肉店切成想要的厚度。顺便说一句，我们的最爱是武尔卡诺家的猪腩培根。

菠菜膜

1千克菠菜苗或菠菜

200毫升水

1 菠菜洗净，放入搅拌机中，加水搅打成细腻的糊，用滤布或滤袋将菠菜汁过滤到锅中。

2 中火煮沸菠菜汁，熄火。用笊篱捞起浮在表面上的绿色凝结薄膜，小心沥干，放入碗中冷却。加盖，冷藏备用。

番茄碎

番茄顶部剞上十字刀纹，放入沸水中烫一下，取出后放入冰水中冷却。番茄去皮，切成4等份、去子。将番茄切成任何想要的碎末状。

番茄高汤

1千克熟透的芳香番茄

1/4把百里香

1/4把迷迭香

半把罗勒

半头蒜

50毫升水

1个有机柠檬，榨汁

1茶匙海盐

1小撮糖

半根泰国红辣椒

1 番茄粗略切块。百里香、迷迭香、罗勒摘好。蒜切片。

2 番茄、水、柠檬汁、盐和糖一起放入搅拌机中搅打成泥。在快结束时，放入百里香、迷迭香、罗勒、泰国红辣椒和蒜一起搅碎，用非常细的滤袋或过滤布过滤所有材料，只留下清汤部分。

番茄干高汤

与正常的番茄高汤的制作方式相同。但在开始制作之前，应该先将盐、糖和蒜拌入番茄丁，将其铺散在烤盘上，入62℃的烘干机中烘8小时。

越南蘸酱（蘸食鱼酱）

2头蒜，切末

适量花生油

50毫升鱼露

50毫升味滋康米醋

50毫升水

3汤匙蔗糖

1/4根泰国红辣椒，切末

2个青柠，榨汁

在平底锅中倒入花生油，将蒜煎至金黄，加入鱼露、醋、水和糖，煮沸后熄火，加入泰国红辣椒，之后冷藏，使用前拌入青柠汁。如果想酱汁更浓稠，可以加入适量的基础质地膏，并用打蛋器搅拌，使酱汁变得顺滑。

索 引

索引按中文首字拼音排序。

发酵蒜（Fermentierter Knoblauch）

一种受控陈化的蒜，通过发酵变成黑色，失去其原始的辛辣味，增加了甜味和麦芽的风味。

福尔姆－昂贝尔芝士（Fourme-D'ambert）

一种来自法国奥弗涅大区的古老的发霉芝士，由萨莱尔牛的牛奶制成。

哈里萨（Hairssa）

一种由新鲜辣椒、孜然、香菜子、蒜、盐和橄榄油制成的辣味调味酱。

海路米芝士（Halloumi）

一种半硬质的芝士，由牛、绵羊或山羊的奶制成，源自埃及，如今在希腊、土耳其、黎巴嫩、埃及和利比亚也很常见。

黑砂糖（Muscovado Zucker）

来自毛里求斯的一种麦芽糖味非常浓郁的、湿润的蔗糖。

基础质地膏（Basic Textur）

一种多用途的中性糊状物，用来调节食物质地。它由柠檬内侧的白软皮和水混合而成。这种食物质地调节剂可以用于温度在-25~220℃的液体中。此外，它还可以用来乳化油而不需要添加鸡蛋。

佳丽果（Schöner Von Boskoop）

一种古老的冬季收获苹果品种，由于其酸度高，非常适合用于烹饪和烘焙。

金牌酱汁（Sossengold）

一家位于慕尼黑的酱汁制造商，他们采用传统方法制作经典酱汁，不用任何添加剂。

军曹鱼腹肉（Cobiafilet）

来自鲹科的一种海鱼的鱼腹肉。这种鱼主要生活在大西洋或印度太平洋的亚热带水域，体长可达2米，体重最高可达70千克。

卡真粉（Cajun Gewürz Ingo Holland）

一种混合调料，源自加拿大阿卡迪亚地区法国移民的烹饪文化，现在主要在美国南部地区使用。其主要成分有辣椒、蒜、洋葱、黑胡椒、孜然、香菜子、矿盐、茴香子、小豆蔻子、百里香和牛至。

抗坏血酸（Ascorbinsäure）

一种无色、无味、易溶于水的晶体状物质（粉末），它的味道是酸的，是一种有机酸，在市场上以维生素C的名义出售。抗坏血酸可以为非液态食品增加酸味，同时不会增加食物的水分。除此之外，它还可以作为甜点和调味品的添加剂使用。

克什米尔咖喱粉（Kashmir Curry）

古老香料局生产的一款特殊混合咖喱，其成分包括：姜黄、辣椒、香菜子、胡芦巴子、茴香子、黑胡椒、孜然、莪术、棕色芥末子、荜茇、黑种草、高良姜、小豆蔻子、肉蔻衣、肉桂子和丁香。

辣味咖喱粉（Curry Jaipur）

古老香料局生产的一款辣味咖喱混合调料，其成分包括：胡芦巴子、香菜子、姜黄、孜然、辣椒、柠檬草、姜、茴香子、棕色芥末子、黑胡椒、小豆蔻子、蒜、肉蔻衣、高良姜和肉桂子。

冷冻干燥（Gefriergetrocknet）

一种用于高品质食品的温和干燥方法。

鹿梨汁（Hirschbirnensaft）

一种古老品种的梨的果汁，这种梨产量低，但香气和营养成分非常丰富。

绿色小辣椒（Pimientos）

产自西班牙加利西亚，实际上是一种未成熟的、小的、绿色的煎烤辣椒。在西班牙料理中，将它们入热橄榄油中短暂煎炒，加入海盐调味后即可上桌。大多数不辣，偶尔会碰到一根辣的。

滤袋（Superbag）

一种可以多次使用的过滤袋，有不同的大小和厚度可选择。

马黛茶（Matetee）

用马黛树的干燥碎叶做成的含咖啡因的浸泡饮品。这种茶的后调有明显的烟熏风味。

曼彻格芝士（Manchego）

一种西班牙硬质芝士，由卡斯蒂利亚-拉曼恰地区的曼彻格品种绵羊的羊奶制成。

墨西哥哈拉皮纽辣椒（Jalapepeno）

一种小型到中等大小的辣椒，其辣度在2500~8000史高维尔（辣度单位）。

木鱼花（Bonitoflocken）

它是经干燥和熏制的金枪鱼，在日本商店中以"Katsuobushi"这个名称整块售卖。它是天然的味道增强剂。在德国，木鱼花只以刨花的形式出售。

N

鸟眼辣椒（Bird Eye Chill）

来自非洲的一种辣椒，也叫皮里皮里辣椒（Piri Piri）。它通常以干辣椒的形式出售。这种辣椒以其辛辣程度而闻名，辣度超过10万史高维尔（辣度单位）。

浓缩番茄汁品牌（Tomami）

从番茄的天然谷氨酸中提取的浓缩物，用于增强味道，尤其是单一产品本身的味道，是具有浓郁的番茄风味的天然味道增强剂。

P

片栗粉（淀粉）（Katakuriko）

一种由片栗花（猪牙花）的块茎提取的日本淀粉。

Q

七味粉（Togarashi）

古老香料局生产的混合调味品，其成分包括：黑芝麻、橘子皮、辣椒、甜辣椒粉、花椒、海苔、柠檬香桃木、黑胡椒和姜。

切达芝士（Cheddar）

原产于英格兰，是由牛奶制成的芝士，有着鲜明的橙色。这种颜色是由于添加了一种叫胭脂树红的植物色素。它可能是全球最受欢迎的芝士。

青椒品种番茄（Tomate Green Bell Pepper）

它是一种绿色番茄品种，其表面有深绿色的条纹。

R

肉饼（Patty）

指用碎牛肉制作的、经过煎烤成型的肉饼。

肉桂花（Zimtblüte）

肉桂树的花朵与丁香非常相似，其尖端带有甜味，有轻微的胡椒似的香草味。

肉桂罗勒（Zimtbasilikum）

一种特殊的罗勒品种，带有浓烈的香甜肉桂味，有时候有丁香和橙子味。

肉蔻衣（Muskatblüte）

指包裹着肉豆蔻种仁的外衣，其味道与种子相似，带有树脂味和苦味，但相对较为温和。

乳化（Emulgieren）

指的是形成乳状物的过程，通常是油和水溶液的均匀混合物质。通过使用搅拌棒或打蛋器将油性液体混入水溶液中，从而产生这种混合物。

S

烧烤酱品牌（Bbque）

一家位于巴伐利亚的烧烤酱生产商。该公司生产的各种酱料不含色素、防腐剂和人工香精。产品包装是黑色的扁平酒壶形状。

斯卡莫扎芝士（Scamorza）

在制作方法和形状上与波洛夫罗芝士相似，但常烟熏加工后出售。

酸浆（Physalis）

又称"灯笼果"。它与我们熟知的浆果不属于同一家族，但它是一种橙色的樱桃果实。它的标志性特征是外层薄如纸的叶片，这些叶片包裹着甜酸味的果子，果子带有淡淡的肥皂味。在欧洲，这种酸浆主要用于装点甜品、芝士和鸡尾酒，也可用来烹饪或腌制，搭配各种美食。

T

塔斯马尼亚胡椒（Tasmanischer Pfeffer）

澳大利亚的一种胡椒品种，其叶子和浆果都可以食用。它的浆果具有类似香料的风味，放入液体中呈紫色。这种胡椒的气味很像多香果和丁香。

天妇罗粉（Tempurateig）

一种混合面粉，由小麦粉、玉米粉、淀粉、冰水和鸡蛋组成，加水搅拌成光滑的面糊。面糊的稠度由所炸食物的要求决定。这种面糊常用来裹鱼、肉和蔬菜，之后可以将这些食材下入热油中炸至金黄酥脆。

甜菜颗粒（Rot Bete Granulat）

由冷冻干燥的甜菜制成，特别适合用来为食品上色和调味。

甜雪粉（Süsser Schnee）

与糖粉类似，但撒在热的食物上不会熔化，只在口中熔化。

土耳其牛肉肠（Sucuk）

一种味道浓郁、辛辣的风干香肠或熏肉肠，主要用牛肉、犊牛肉或羊肉制成。

W

味淋（Mirin）

日本的甜米酒，也用于各种菜肴的调味。

味滋康米醋（Mizkan Reisessig）

产于日本，由米酒或发酵大米制成，味道非常温和，带有细腻的酸味。

武尔卡诺牌烟熏培根肉（Vulcano Peck）

一种来自奥地利施蒂里亚火山地区的熏肉，因其美妙的口感和卓越的香气受人喜欢。

X

西班牙辣肠（Chorizo）

它是一种甜辣味的西班牙辣肠，其独特的红色主要是因为添加了红椒。

西班牙烟熏红椒粉（Pimentón de la Vera）

它是一种烟熏的辣椒粉，仅在西班牙西部的埃斯特雷马杜拉自治区生产，有温和甜味款，也有甜辣款。

细香葱苗（Rock Chives）

科佩特菜苗品牌的一款产品，其细长的绿茎尖上有一个黑色的壳，无论从视觉还是味觉上都与细香葱相似。

向日葵幼苗（Sonnenblumensprössllnge）

小小的、已经发芽并长出两片绿色叶片的幼芽，其味道让人想起刚削皮的胡萝卜。

小红脉酸模（Blutampfer Micro）

也称树林酸模（Hain-Ampfer），属于蓼科植物。小红脉酸模尝起来有着清新的酸味。从外观上看，其红色的叶脉使其成为真正的焦点。

小面包（Bun）

指的是柔软的小面包，通常用于制作汉堡和热狗。

Y

烟熏液（Liquid Smoke）

它是在生产烟熏食品时得到的冷凝液。这种冷凝液经过净化后，可加入烧烤酱中，赋予烧烤酱特有的烟熏味。

烟熏油（Fumëe / Rauchöl）

它是一种带有烟熏香气的植物油，含有天然的烟熏气、香料提取物和辣椒气味。

印度酥油（Ghee）

指酥油或澄清黄油，可以用它来炸食物。

有柄煎锅（Sauteuse）

指法国或烹饪术语中的有柄煎锅，通常锅身较高，锅边向外弯曲。

原味咖喱粉（Curry Maharadja）

古老香料局生产的一款非常温和的咖喱混合调料，其成分包括：姜黄、香菜、茴香子、胡芦巴子、肉桂子、孜然、柠檬草、肉蔻衣、辣椒、茉莉花、芥末、高良姜、黑种草、小豆蔻、丁香、橙皮、黑胡椒、香草、荜茇。

Z

真空低温烹饪法（Sous Vide）

这是一种非常温和的烹饪方法，将要烹饪的食物连同调料一起放入烹饪袋中，真空密封后放入水中，以100℃以下的低温进行烹饪。

芝士罩（Käseglockt）

使用芝士罩可以更好地熔化汉堡上的芝士，因为热量会在下方积聚。在烧烤时或在平底锅中煎炸食物时，可以将它盖在铺有芝士的肉饼上。

鲻鱼子（Botarga）

它是意大利南部的一种特色食品，通常在市场上可以买到加盐干燥的。经典吃法是像帕玛森芝士一样撒在新鲜的热意大利面上，或者切成超薄的片与番茄一起作为开胃菜上桌。

紫咖喱（Purple Curry）

古老香料局生产的一款混合咖喱调料，有着紫色的外观，这种紫色是因为其中添加了木槿花。

酢浆草（绿叶和红叶）（Oxalis）

绿叶酢浆草，其味道非常像酸模叶蓼。红叶酢浆草比绿叶的大得多，外观上像蝴蝶，味道上稍微像酸樱桃。在处理过程中，红叶酢浆草有极强的染色效果。

作者信息

胡伯图斯·奇尔纳
（Hubertus Tzschirner）

奇尔纳是本书主编，是受过正规培训的厨师、酒席承办人，同时也是畅销烹饪书的作者。他带领其公司胡伯图斯·奇尔纳饮食艺术（esskunst Hubertus Tzschirner）和自己的创新烹饪理念活跃于全球各大展会、工作坊、烹饪课程、餐饮服务和研讨会中。他将专业知识写在了其获奖出版书籍中，当然也包括本书。他的成功得益于自己的兴趣、热情、好奇心、个性和专业精神，这不仅体现在他对于产品的高品质和真实性的追求上，也体现在与客人、同事和业界合作伙伴的交往中。

尼古拉斯·勒克劳克斯
（Nicolas Lecloux）

勒克劳克斯是德国最成功的自制果汁店真果（True Fruits）的联合创始人。作为真果的营销总监，他在工作中只与纯素食品打交道。然而在私人生活中，他却患有一种在我们社会中越来越常见的疾病：汉堡强迫症——俗称"汉堡情结"。他对寻找完美汉堡永不停歇的追求，几乎已经到了一种令人担心的痴迷程度。这让他关注任何一家正宗的汉堡店，总是忍不住与烧烤师傅讨论肉的切割方式、混合方式或汉堡面包的种种细节。他与朋友们合作完成的本书，是他试图将自己"疾病"的痛苦经历转化为正面的成果，并提醒公众关注完美汉堡强迫症问题，因为最终我们每一个人都可能会面对这一问题。

托马斯·维尔吉斯
（Thomas Vilgis）

维尔吉斯在乌尔姆取得物理学硕士和博士学位，在美茵茨获得大学授课资格，曾在英国剑桥、伦敦和法国斯特拉斯堡工作，现在是美茵茨大学的教授，并在德国马克斯·普朗克高分子研究所从事"软物质食品科学"研究。维尔吉斯已经在学术期刊上发表了300多篇科学论文，是《烹饪杂志——饮食文化与科学》（Journal Culinaire—Kultur und Wissenschaft des Essens）的共同出版人。此外，他还撰写了许多关于烹饪自然科学、食物物理学和化学的书籍。

尼尔·约拉
（Nils Jorra）

约拉是三个孩子的父亲。他在星级餐厅工作多年后专注于肉类烹饪领域。他的专业知识和技能达到了行业内为数不多的顶尖水平。他研发了许多肉类烹饪食谱并经常主持烹饪研讨会。他的关注焦点主要在于推崇合理的动物饲养方式和负责任的肉类消费上。

弗洛里安·克内希特
（Florian Knecht）

克内希特是一个对小工具、烧烤和烹饪技巧有着深刻了解的专家，曾多次获奖：2010年和2012年被评为德国业余烧烤大师，在2011年烧烤世界锦标赛中获得排骨类别第一名和猪肩肉类别第三名。2013年，他和他的团队South Side BBQ在德国烧烤大师锦标赛上获得专业组亚军。他经常参加烧烤比赛，在德国餐饮界有着丰富的职业经验。

丹尼尔·埃斯魏因
（Daniel Esswein）

埃斯魏因是在美因河畔法兰克福工作的美食摄影师。学习新闻专业期间，他还从事了十多年的活动餐饮工作。这一经历为他进入食品摄影行业铺平了道路。越来越多的获奖烹饪书籍，是他工作成绩的有力证明。

致 谢

这本书是献给谁的？当然是我的第二个孩子——皮纳特，我们非常期待你的到来。

亲爱的尼娜，非常感谢你为本书作出的无私奉献，我为你感到骄傲，爱你。米拉，我的阳光，谢谢你让这本书变得像你一样特别。

亲爱的丹尼尔，非常感谢你的再次付出。这本书清楚地展示了你的热情，正是这份热情让我们的合作顺利展开。感谢老天让我们相遇。我为你的工作及这次的合作感到骄傲。我不仅欣赏你拍摄的图片，也珍惜我们的友谊，希望我们能永远一起在镜头前呈现完美的菜肴。

亲爱的尼尔，非常感谢在这个项目中你我共度的美好时光，也谢谢你对汉堡世界的深入介绍。没有你，这个伟大的计划就不可能实现。

科学不仅可以创造热情，还可以带来乐趣。亲爱的托马斯，你就是一个活生生的例子。要是我们能在上学的时候相识就好了！你赋予了我们共同创作的书必要的深度，让我们的书变得非常特别，不再仅仅是烹饪书。非常感谢！

亲爱的尼古拉斯，我也衷心地感谢你的关于肉和汉堡的专业知识，要想了解这方面的专业知识，很难绕开你，期待进一步的合作。

亲爱的弗洛，感谢你为本书提供的帮助。

亲爱的弗兰克·阿尔贝斯，非常感谢你在肉类方面卓越的专业知识。你对这类产品的热情和尊重让我深表钦佩。

亲爱的玛塞拉·普赖尔·卡尔韦女士，非常感谢你对我们项目的信任和信心。很高兴看到你在设计和出版图书上的热情。

亲爱的蒂娜·弗赖塔格女士，非常感谢你立即分享并理解我们对这个项目的热情。

亲爱的安妮·芬克女士，非常感谢你在最后的关键阶段提供的专业支持、果决行动和无私且富有感染力的热情。

亲爱的卡齐安卡女士，非常感谢你对本书的审校。

亲爱的卡尔韦团队，感谢你们所有人为这本书燃烧的热情，期待进一步合作。

亲爱的丹尼尔，亲爱的斯特芬，非常感谢你们的友情，我们终于出了一本男人也可以照着做的烹饪书。

亲爱的爸妈，这些话语深受你们的影响，非常感谢。

亲爱的乌拉，亲爱的曼弗雷德，和你们成为一家人让我骄傲。

亲爱的莱娜和波勒、菲尼、弗兰齐、托比和菲利普，终于有本你们也可以用的书了，非常感谢你们的精神支持。

亲爱的奥斯卡，亲爱的莱奥，等你们再大点儿，我们就可以一起用烧烤架做汉堡，在夕阳下喝着啤酒聊聊男人间的话题。这件事虽然推迟了但不会取消。

亲爱的菲利克斯老兄，如果我还没有把汉堡献给你，那么这几行字是写给你和你的烧烤男孩们的。希望这本书为你们带来汉堡天空中的一束光。

另外，还要感谢我家乡的老朋友们和KGB的成员们，现在你们也可以专注于烹饪和汉堡艺术了。

胡伯图斯·奇尔纳

我非常感激并深爱我的父母，他们抚养我长大，使我有一个开放的心态能抓住生命中的机遇，抵挡生命中的风雨！

本书献给诺亚和莱昂。亲爱的米丽，我要感谢你，谢谢你比平时更耐心地容忍我对汉堡的疯狂。感谢东海岸的汉堡教父帕特·拉弗里达，科隆肥狗餐馆的斯图尔特·巴洛爵士，以及杜塞尔多夫布奇·贝克尔汉堡店的克里斯托弗和埃勒达德，感谢你们与我深入讨论汉堡。感谢来自精彩美食博客"女士与小狗"的曼迪，她提供了世界上最好的土豆汉堡坯配方。

也感谢丹尼尔·布雷默和他在Ol团队的无条件支持，感谢他们提供的乐巴菲牌保鲜罐。

感谢威利、塔尼娅及尤利娅在罗森海姆的博拉公司提供的大力支持。也感谢位于亨内夫的吉尔根面包店的索斯滕·布朗。感谢葡萄酒的顾问团：哈立德、沙漠之狐、"来杯葡萄酒！"品牌的丹尼尔和纯金酒品牌的丹尼尔。感谢丹尼尔·埃斯魏因提供的最诱人的汉堡图片。谢谢你，胡比，每次电话沟通、每次校对、每个奇思妙想都让我非常享受。世界属于幻想家，而不是吝啬鬼！

尼古拉斯·勒克劳克斯

亲爱的朋友们、工作伙伴们，我要特别感谢你们，没有你们和你们的产品，就不会有本书。

特别感谢：威利·布鲁克鲍尔、尤利娅·施特希勒、弗兰克·阿尔贝斯、格哈德·波克瑙尔、马丁·布赫纳、巴斯蒂安·约尔丹、菲利普·恩宁、克里斯蒂娜·曹纳、弗兰克·黑克尔、马克·基尔瓦尔德、弗兰茨·孔岑、欧利韦尔·维尔德纳、彼得·菲舍尔、丹尼尔·普里姆克、马克·劳施曼、尼娜·迈尔、玛琳·克利兹、海科·弗里德里希、斯文·魏尔。

我们分享对你们产品的喜爱和你们的理念，但最令我们喜欢的是藏在这些产品背后的每一份独特的创意。

BORA
www.bora.com

Albers Food
www.albersfood.de

Gramiller
www.gramiller.at

Jordan Olivenöl
www.jordanolivenoel.de

Tomami
www.tomami.eu

LUMA
www.luma-delikatessen.com

Big Green Egg
www.biggreenegg.eu

Beefer Grillgeräte
www.beefer.de

BBQUE
www.bbque.de

Komet Maschinenfabrik
www.vakuumverpacken.de

Domnick
www.gourmet-thermalisierer.de

FrischeParadies
www.frischeparadies-shop.de

Braufactum
www.braufactum.de

Meyer Quick Service Logistics
www.quick-service-logistics.de

True Fruits
www.true-fruits.com

esskunst
www.esskunst.eu

Wein doch!, Daniel Agbedor
www.weindoch.de

Bos Food
www.bosfood.de

Plating like a Rockstar by Nils Jorra
www.platinglikearockstar.com

Style by Weil Sven Weil
www.style-by-weil.de

《西餐厨房用具使用宝典》

—— 内 容 简 介 ——

　　本书介绍了西餐厨房内必不可少的厨具的使用解读和基本烹饪技法。书中第一部分介绍了西餐厨房内常用厨具和设备的使用方法，包括产品说明、烘焙用具和烹调用具的用途，以及入门级的刀具类别和使用方法。第二部分介绍了实用度满满的250多种烹饪技巧，包括鱼类、谷类、水果类、家禽类、贝类、蔬菜类等烹饪技法，以及铁扒、香草香料等知识。无论你是厨房新手，还是学有所成的家庭厨师，这本书将会成为你未来许多年厨房知识的主要来源。

　　本书可作为西餐从业人员的工具书，也可作为西餐爱好者的宝典。

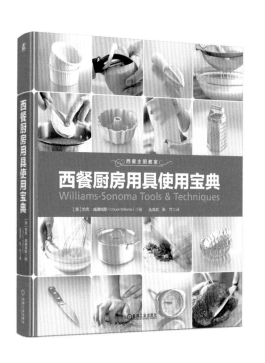

作者：[美]恰克·威廉姆斯（Chuck Williams）
ISBN：978-7-111-72271-7
定价：168.00 元

《肉食之书》

—— 内 容 简 介 ——

　　本书围绕着肉这一主题展开，分为三个部分。第一部分介绍了常见肉的分类、家畜饲养方式对肉质的影响、分割方法、分割部位等，第二部分介绍了肉类烹饪技巧，包含如何选购一块品质好的肉、厨房常用工具、烹饪前的准备以及常用的肉类烹饪方式等，第三部分介绍了肉类经典菜品制作实例。全书图文并茂，带领读者深入学习厨房知识、肉类烹调工艺、行业流行趋势等，使读者轻松学会顶级厨师的绝佳创意。

　　本书为专业厨师量身定制，也可供美食爱好者参考。

作者：[德]彼得·瓦格纳（Peter Wagner）
ISBN：978-7-111-75882-2
定价：198.00 元

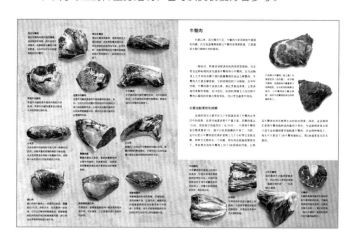